沙尘天气年鉴

2011年

中国气象局　编

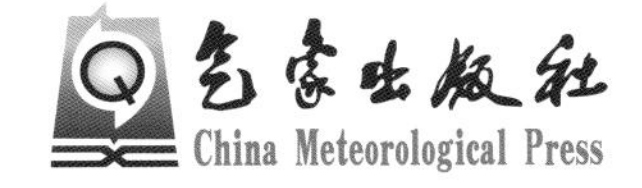

图书在版编目(CIP)数据

沙尘天气年鉴. 2011年 / 中国气象局编. —北京：
气象出版社，2013.7
ISBN 978-7-5029-5738-4

Ⅰ.①沙... Ⅱ.①中... Ⅲ.①沙尘暴－中国－2011－
年鉴 Ⅳ.①P425.5-54

中国版本图书馆CIP数据核字(2013)第141459号

气象出版社 出版
(北京市海淀区中关村南大街46号 邮编：100081)
总编室：010-68407112 发行部：010-68409198
网址：http://www.cmp.cma.gov.cn E-mail:qxcbs@cma.gov.cn
责任编辑：陈 红 终审：黄润恒
装帧设计：博雅思企划 责任校对：石 仁
*
北京天成印务有限责任公司印刷
气象出版社 发行
*
开本：787×1092 1/16 印张：4.25 字数：102千字
2013年6月第1版 2013年6月第1次印刷
定价：35.00元

《沙尘天气年鉴》（2011年）编写人员

主　　　　　编：魏　丽

副　　主　　编：张亚妮　宗志平

编　写　人　员：

国家气象中心：吕梦瑶　安林昌　林玉成　赵　瑞

吕终亮　周　军　韩燕革

国家气候中心：杨明珠　艾婉秀　钻海玲

国家卫星气象中心：李　云　刘清华　陆文杰

北京市气象局：陈大刚　舒文军　张英娟

前 言

沙尘天气是风将地面尘土、沙粒卷入空中，使空气混浊的一种天气现象的统称，是影响我国北方地区的主要灾害性天气之一。强沙尘天气的发生往往给当地人民的生命财产造成巨大损失。

近年来，随着社会、经济的发展，沙尘天气给国民经济、生态环境和社会活动等诸多方面造成的灾害性影响越来越受到社会各界和国际上的关注。我国对沙尘天气也越来越重视，监测手段的逐渐增多以及沙尘天气研究工作取得的进展，使沙尘天气的预报水平不断地提高，为防御和减轻沙尘天气造成的损失做出了重要贡献。

为了适应沙尘天气科学研究的需要，也为各级气象台站气象业务技术人员提供更充分的沙尘天气信息，更好地掌握沙尘天气活动规律，提高预报准确率，国家气象中心组织整编了《沙尘天气年鉴》(2011 年)。年鉴中有关资料承蒙全国各有关省、直辖市、自治区气象局的大力协作和支持，使编写工作得以顺利完成。

《沙尘天气年鉴》(2011 年)的内容包括对 2011 年沙尘天气过程概况的描述和沙尘天气产生的气象条件的分析，全年和逐月沙尘天气时空分布及主要沙尘天气过程相关图表等。

FOREWORD

Sand-dust weather is the phenomenon that wind blows dust and sand from ground into the air and makes it turbid. It's one of the main disastrous weather phenomena influencing northern areas of our country. Great casualties of people's lives and properties occur in these areas because of severe sand-dust weather.

In recent years, with the development of society and economy, the disastrous influence of sand-dust weather on national economy, ecology and social life has become a hot issue in China, even in the world. With more and more attention to sand-dust weather and gradual increment of monitoring ways, the sand-dust weather research has been made and forecast level for this kind of weather has been improved, which contributes a lot to loss mitigation and sand-dust weather prevention.

In order to meet the requirements of sandstorm research, provide more sufficient sand-dust weather information for weather forecasters, National Meteorological Center compiled this "Sand-dust Weather Almanac 2011". The volume of almanac not only assists us by obtaining further knowledge on the behavior of sandstorm and improving forecast accuracy but provides better service for prevention of sandstorm as well. Thanks for the contribution of sand-dust data from relevant meteorological sections. We own the success of this compilation to the great support of all the meteorological observatories and stations country-wide.

"Sand-dust Weather Almanac 2011" covers the annual general situation and meteorological background of sand-dust weather, annual and monthly temporal and spatial distribution charts of different types of sand-dust weather, as well as some charts and tables of main sand-dust weather cases in 2011.

说　明

一、沙尘天气及沙尘天气过程的定义

本年鉴有关沙尘天气及沙尘天气过程的定义执行国家标准 GB/T 20480—2006《沙尘暴天气等级》。

沙尘天气分为浮尘、扬沙、沙尘暴、强沙尘暴和特强沙尘暴五类。

1. 浮尘：当天气条件为无风或平均风速≤3.0 m/s 时，尘沙浮游在空中，使水平能见度小于 10 km 的天气现象。
2. 扬沙：风将地面尘沙吹起，使空气相当混浊，水平能见度在 1～10 km 以内的天气现象。
3. 沙尘暴：强风将地面尘沙吹起，使空气很混浊，水平能见度小于 1 km 的天气现象。
4. 强沙尘暴：大风将地面尘沙吹起，使空气非常混浊，水平能见度小于 500 m 的天气现象。
5. 特强沙尘暴：狂风将地面尘沙吹起，使空气特别混浊，水平能见度小于 50 m 的天气现象。

沙尘天气过程分为五类：浮尘天气过程、扬沙天气过程、沙尘暴天气过程、强沙尘暴天气过程和特强沙尘暴天气过程。

1. 浮尘天气过程：在同一次天气过程中，相邻 5 个或 5 个以上国家基本（准）站在同一观测时次出现了浮尘的沙尘天气。
2. 扬沙天气过程：在同一次天气过程中，相邻 5 个或 5 个以上国家基本（准）站在同一观测时次出现了扬沙或更强的沙尘天气。
3. 沙尘暴天气过程：在同一次天气过程中，相邻 3 个或 3 个以上国家基本（准）站在同一观测时次出现了沙尘暴或更强的沙尘天气。
4. 强沙尘暴天气过程：在同一次天气过程中，相邻 3 个或 3 个以上国家基本（准）站在同一观测时次成片出现了强沙尘暴或特强沙尘暴天气。
5. 特强沙尘暴天气过程：在同一次天气过程中，相邻 3 个或 3 个以上国家基本（准）站在同一观测时次出现了特强沙尘暴的沙尘天气。

为了同往年《沙尘天气年鉴》统一，依照中国气象局《沙尘天气预警业务服务暂行规定（修订）》（气发［2003］12 号），本年鉴只统计和分析浮尘、扬沙、沙尘暴和强沙尘暴四类以及浮尘天气过程、扬沙天气过程、沙尘暴天气过程和强沙尘暴天气过程四类。

二、资料与统计方法

2011 年沙尘天气日数和站数、沙尘天气过程和强度等是逐日 8 个时次（时界：北京时 00 时）地面观测资料的统计结果。

具体统计方法如下：

1. 对测站沙尘日、扬沙日、沙尘暴日、强沙尘暴日的规定：

（1）某测站一日 8 个时次只要有一个时次出现沙尘天气，则该站记有一个沙尘日；

（2）某测站一日 8 个时次只要有一个时次出现了扬沙、沙尘暴或强沙尘暴，记有一个扬沙日；

（3）某测站一日 8 个时次只要有一个时次出现沙尘暴或强沙尘暴，记有一个沙尘暴日；

（4）某测站一日 8 个时次只要有一个时次出现强沙尘暴，记有一个强沙尘暴日。

2. 对某一天沙尘天气、扬沙、沙尘暴、强沙尘暴站数的规定：

（1）某一天出现沙尘天气站数的总和为该日的沙尘天气站数；

（2）某一天出现扬沙、沙尘暴及强沙尘暴站数的总和为该日的扬沙站数；

（3）某一天出现沙尘暴及强沙尘暴站数的总和为该日的沙尘暴站数；

（4）某一天出现强沙尘暴站数的总和为该日的强沙尘暴站数。

3. 对某一统计时段内沙尘天气总站日数的规定：

（1）统计时段内逐日沙尘天气站数的总和为该时段的沙尘天气总站日数；

（2）统计时段内逐日扬沙站数的总和为该时段的扬沙总站日数；

（3）统计时段内逐日沙尘暴站数的总和为该时段的沙尘暴总站日数；

（4）统计时段内逐日强沙尘暴站数的总和为该时段强沙尘暴总站日数。

三、沙尘天气过程编号标准

国家气象中心对每年移入或发生在我国范围内的扬沙、沙尘暴、强沙尘暴天气过程按照其出现的先后次序进行编号，编号用 6 位数码，前四位数码表示年份，后两位数码表示出现的先后次序。例如：2011 年出现的第 6 次沙尘天气过程应编为“201106”。

四、沙尘天气过程纪要表内容

沙尘天气过程纪要表包括该年出现的所有扬沙、沙尘暴和强沙尘暴天气过程，其相关内容包括：沙尘天气过程编号、起止时间、过程类型、主要影响系统、扬沙和沙尘暴影响范围和风力。其中主要影响系统是指引起沙尘天气的地面天气尺度的天气系统，主要包括冷锋、气旋、低气压。冷锋是冷气团占主导地位推动暖气团移动的冷、暖空气过渡带，锋后常伴有大风。蒙古气旋产生于蒙古国或我国内蒙古，它由两到三种冷、暖气团交汇而成，通常从气旋中心往外有冷锋、暖锋或锢囚锋生成，气旋发展强烈时常出现大风。低气压是指中心气压低于四周并具有闭合等压线的天气系统。

五、年及各月沙尘天气日数分布图

年及各月沙尘天气日数分布图包括年及各月沙尘天气出现日数分布图、扬沙天气出现日数分布图、沙尘暴天气出现日数分布图和强沙尘暴天气出现日数分布图。

六、沙尘天气过程图表

沙尘天气过程图表包括沙尘天气过程描述表、沙尘天气范围图、500hPa 环流形势图、地面天气形势图及气象卫星监测图像等。沙尘天气过程描述表中的最大风速是从该次沙尘天气过程中所有出现沙尘天气站点的定时观测中统计出来的最大风速。500hPa 环流形势图、地面天气形势图的选用原则是能充分反映造成该次沙尘天气过程的环流形势及影响系统，图中G（D）表示高（低）气压中心，L（N）表示冷（暖）空气中心。

七、沙尘天气路径划分标准

沙尘天气路径分为偏北路径型、偏西路径型、西北路径型、南疆盆地型和局地型五类。

1. 偏北路径型：沙尘天气起源于蒙古国或我国东北地区西部，受偏北气流引导，沙尘主体自北向南移动，主要影响西北地区东部、华北大部和东北地区南部，有时还会影响到黄淮等地；
2. 偏西路径型：沙尘天气起源于蒙古国、我国内蒙古西部或新疆南部，受偏西气流引导，沙尘主体向偏东方向移动，主要影响我国西北、华北，有时还影响到东北地区西部和南部；
3. 西北路径型：沙尘天气一般起源于蒙古国或我国内蒙古西部，受西北气流引导，沙尘主体自西北向东南方向移动，或先向东南方向移动，而后随气旋收缩北上转向东北方向移动，主要影响我国西北和华北，甚至还会影响到黄淮、江淮等地；
4. 南疆盆地型：沙尘天气起源于新疆南部，并主要影响该地区；
5. 局地型：局部地区有沙尘天气出现，但沙尘主体没有明显的移动。

目 录

1 2011 年沙尘天气概况

1.1 沙尘天气过程

2011 年，我国共出现了 8 次沙尘天气过程，其中扬沙天气过程 5 次、沙尘暴天气过程 1 次，强沙尘暴天气过程 2 次。8 次沙尘天气过程中西北路径型出现 4 次，偏西路径出现 2 次，偏北路径出现 1 次，其余 1 次为南疆盆地型。首次发生的沙尘天气过程为 3 月 12—14 日的强沙尘暴天气过程，末次是 5 月 10—12 日的强沙尘暴天气过程。2011 年影响范围最大的过程是 4 月 28—30 日的沙尘暴天气过程，沙尘天气袭击了西北地区大部、内蒙古中西部、华北北部和西部等地，强度最强的过程是 5 月 10—12 日的强沙尘暴天气过程，沙尘暴和强沙尘暴主要出现在内蒙古中部，且以强沙尘暴天气为主，共有 9 个测站出现了强沙尘暴。

1.2 沙尘天气日数

2011 年，我国秦岭—淮河以北大部分地区以及江淮、江南北部、四川盆地北部、西藏等地的部分地区出现了沙尘天气（图 1.1）。有两个沙尘天气出现日数超过 10 天的多发区，一个位于南疆盆地，沙尘天气日数达 50～100 天，沙尘天气日数超过 100 天的有塔中和民丰，分别达 139 天和 155 天；另一个多发区位于内蒙古西部，沙尘天气日数一般为 15～20 天。

扬沙天气主要出现在我国西北地区、内蒙古中西部和东南部、华北、东北地区西部、黄淮西部等地（图 1.2）。扬沙天气也存在两个多发区，位置与沙尘天气基本相同，日数一般有 10～20 天，其中南疆盆地中部可达 25～60 天。

沙尘暴出现的区域较扬沙明显缩小（图 1.3），主要分布在南疆盆地、青海西部、甘肃西部、内蒙古中西部、陕西北部，沙尘暴日数一般为 1～3 天，其中，南疆盆地部分地区、青海西北部和内蒙古西部局部地区超过 5 天，南疆盆地局部达 10～20 天。

强沙尘暴主要出现在南疆盆地、青海柴达木盆地、内蒙古中西部等地（图 1.4），日数一般为 1～2 天，南疆盆地东南部局部地区达 5～12 天。

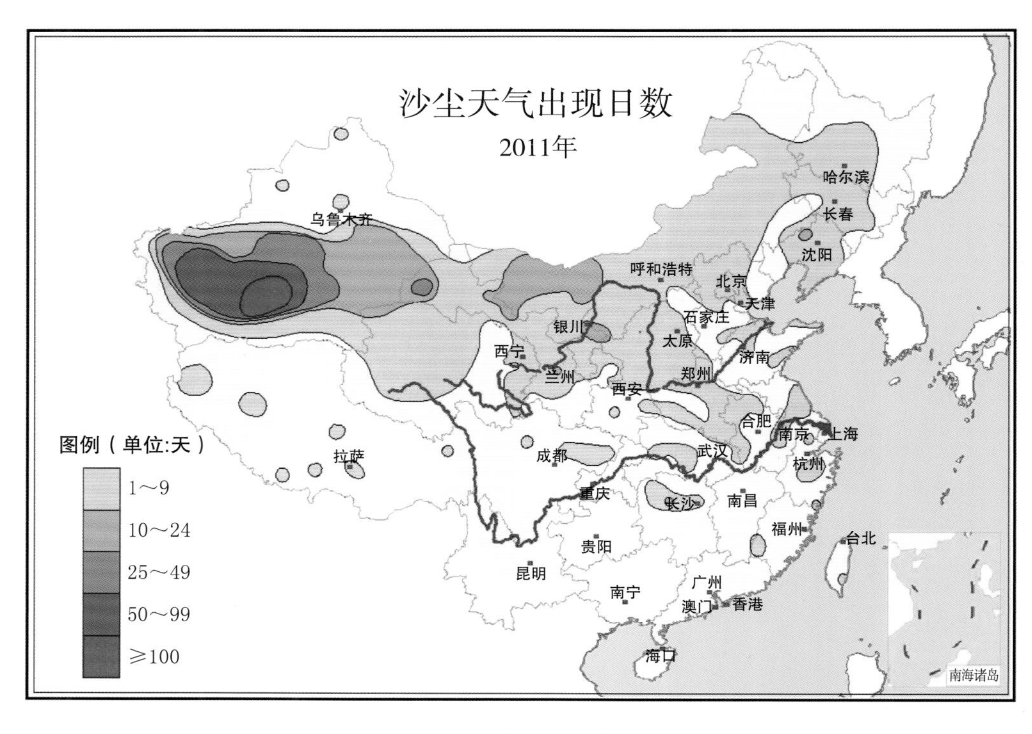

图 1.1 2011 年沙尘天气日数图

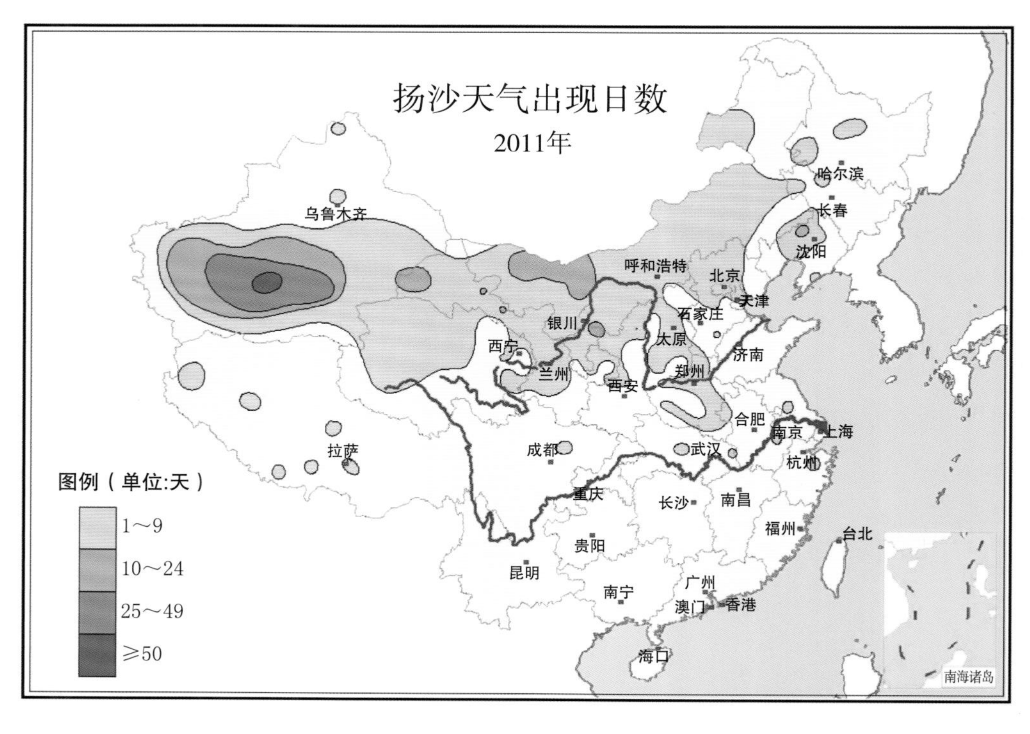

图 1.2 2011 年扬沙天气日数图

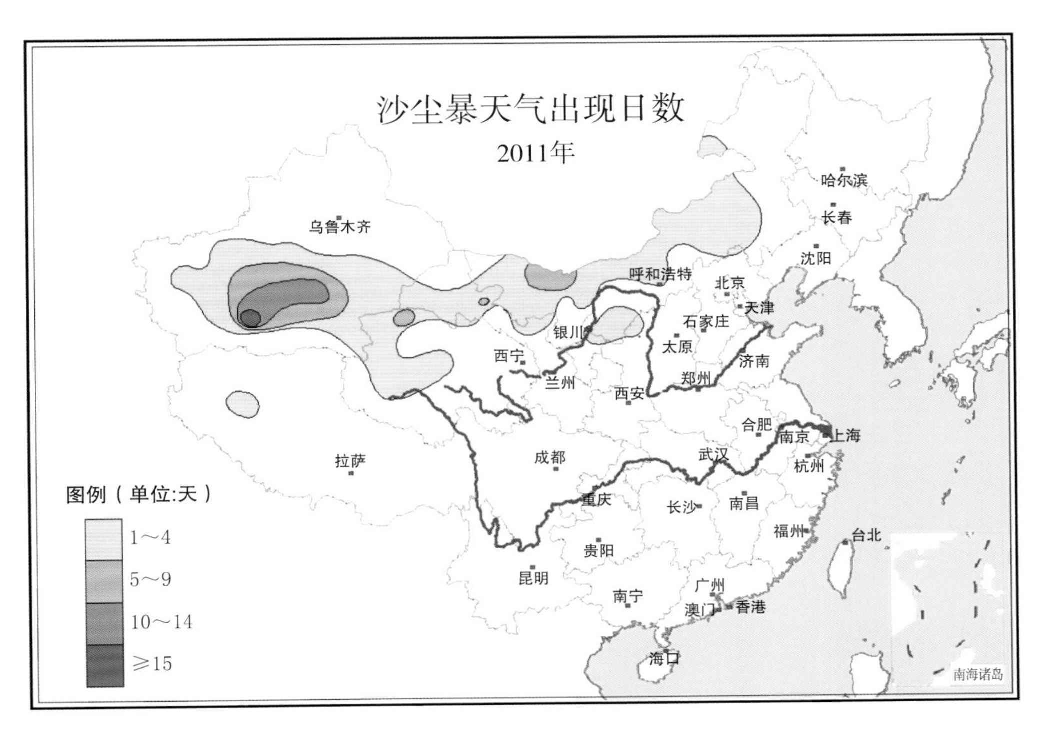

图 1.3　2011 年沙尘暴天气日数图

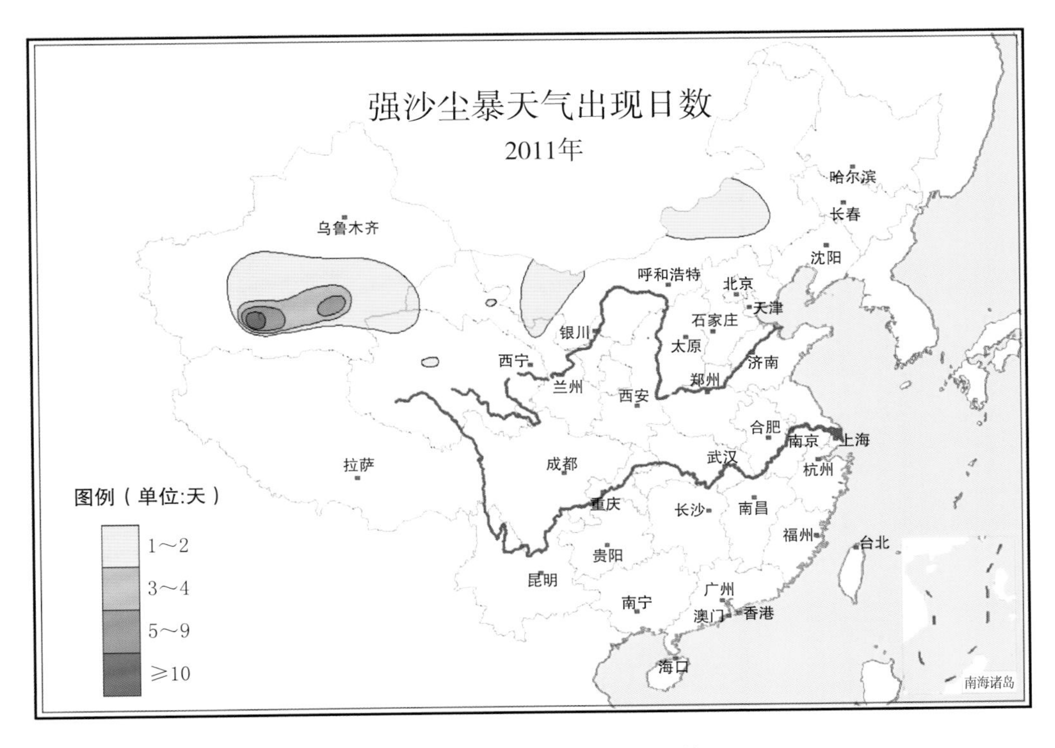

图 1.4　2011 年强沙尘暴天气日数图

1.3 2011年春季沙尘天气主要特点

2011年春季沙尘天气过程次数（8次）较常年（1971—2000年）同期（19.2次）明显偏少，与近12年（2000—2011年）同期（12.2次）相比仍然偏少，并具有范围偏小、强度偏弱、首发时间晚、多发期结束偏早、强沙尘暴偏多等特点。

（1）沙尘天气过程次数显著偏少

2011年春季，我国共发生8次沙尘天气过程（表1.1），其中扬沙天气过程出现5次，沙尘暴天气过程出现1次，强沙尘暴天气过程出现2次。沙尘天气过程总数与2005年并列为近12年（2000—2011年）同期第2少年，次数明显偏少。沙尘暴天气过程数也低于近12年同期平均值，且沙尘暴天气过程数为近12年同期最少值，但扬沙和强沙尘暴天气过程数较近12年同期平均值略偏多。

表1.1 2000—2011年春季全国沙尘天气过程统计

时间	扬沙天气过程	沙尘暴天气过程	强沙尘暴天气过程	总沙尘天气过程
2000年	7	7	2	16
2001年	5	10	3	18
2002年	1	7	4	12
2003年	5	2	0	7
2004年	9	5	1	15
2005年	5	2	1	8
2006年	6	6	5	17
2007年	5	8	1	14
2008年	1	8	1	10
2009年	2	5	0	7
2010年	8	6	1	15
2011年	5	1	2	8
2000—2011年平均	4.9	5.6	1.8	12.2
常年平均	/	/	/	19.2

（2）沙尘天气范围偏小、频次偏少、强度偏弱

2011年春季，全国出现沙尘和扬沙的总站数依次为249个和170个，分别较近12年平均值偏少7%和8%，出现沙尘暴和强沙尘暴的总站数为53和20个，依次较近12年平均值偏少25%和29%，其中，沙尘暴出现的站数为近12年同期

第二少年，仅次于 2005 年（图 1.5），说明 2011 年春季全国出现沙尘天气的范围偏小。

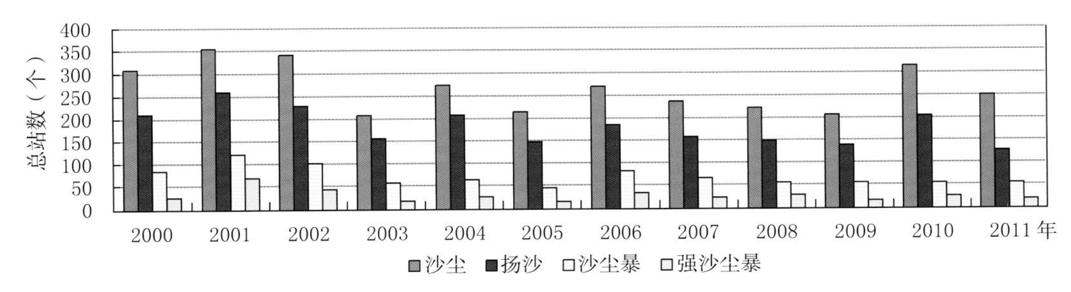

图 1.5　2000－2011 年春季全国沙尘天气总站数逐年变化

2011 年春季全国累计出现的沙尘、扬沙总站日数较近 12 年同期平均值分别偏少 29%和 26%。沙尘暴和强沙尘暴总站日数分别为 105 站·天和 31 站·天（图 1.6），较近 12 年同期平均值分别偏少 42%和 40%。可见，2011 年春季沙尘天气频次偏少且强度偏弱。

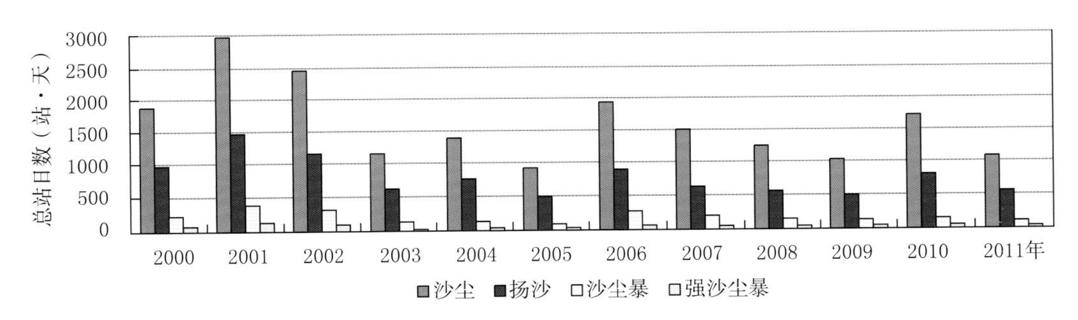

图 1.6　2000－2011 年春季全国沙尘天气总站日数逐年变化

（3）首发时间晚，多发期结束偏早

2011 年首次沙尘天气过程发生于 3 月 12 日，与近 12 年沙尘首发时间相比异常偏晚，是 2000 年以来最晚的一年（表 1.2）。5 月全国扬沙天气总站日数为 157 站·天，较近 12 年同期平均值偏少 17%（图 1.7）。2011 年沙尘天气在 4 月暴发次数最多，5 月明显减少。因此，2011 年春季沙尘天气具有首发时间晚、多发期结束偏早的特征。

表 1.2　2000 年以来历年沙尘天气最早发生时间

2000 年	2001 年	2002 年	2003 年	2004 年	2005 年
1 月 1 日	1 月 1 日	2 月 9 日	1 月 20 日	2 月 3 日	2 月 21 日
2006 年	**2007 年**	**2008 年**	**2009 年**	**2010 年**	**2011 年**
3 月 9 日	1 月 26 日	2 月 11 日	2 月 19 日	3 月 8 日	3 月 12 日

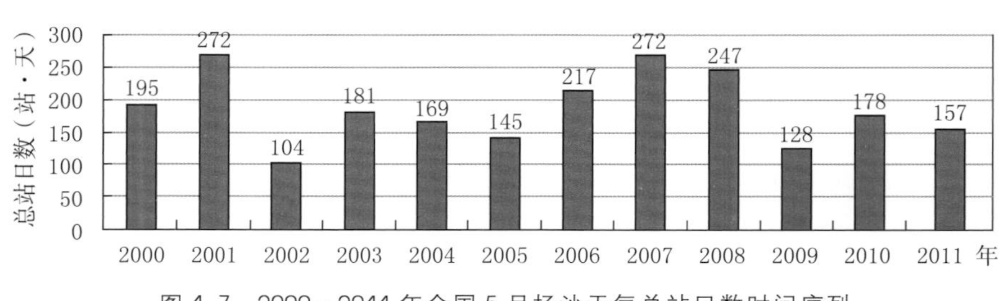

图 1.7 2000－2011 年全国 5 月扬沙天气总站日数时间序列

1.4 2011 年北京沙尘天气主要特点

2011 年北京观象台沙尘天气日数为 4 天，比常年平均（1981－2010 年，10.1 天）明显偏少。其中扬沙天气出现在 3 月 18 日和 4 月 17 日，浮尘天气出现在 4 月 30 日和 5 月 1 日，未出现沙尘暴天气。同时，这 4 天也是全市范围的沙尘天气，特别是 4 月 30 日和 5 月 1 日，连续两天的浮尘在全市半数测站均观测到。

2011 年北京沙尘天气明显偏少，其主要原因是：

（1）前期降水偏多，土壤墒情较好

2010/2011 年秋、冬季北京地区降水比常年偏多约 7 成，土壤墒情较好，不利于发生本地扬沙天气。

（2）大风天气偏少

2010/2011 年冬、春季（2010 年 12 月至 2011 年 5 月），北京地区瞬时风速大于等于 8 级的大风天气较常年平均（8.3 天）明显偏少，北京观象台只出现 1 个大风日。大风是沙尘天气发生的动力条件，冬、春季大风天气少，导致沙尘天气偏少。

2 2011 年沙尘天气气候背景及成因分析

2011 年春季，我国北方气温接近常年同期，其中内蒙古中西部略偏低（图 2.1）；降水除内蒙古东部、华北大部接近常年或偏多外，北方大部降水偏少（图 2.2），有利于沙尘天气偏多。事实上，2011 年春季沙尘天气明显偏少，这应与其他因素有关。

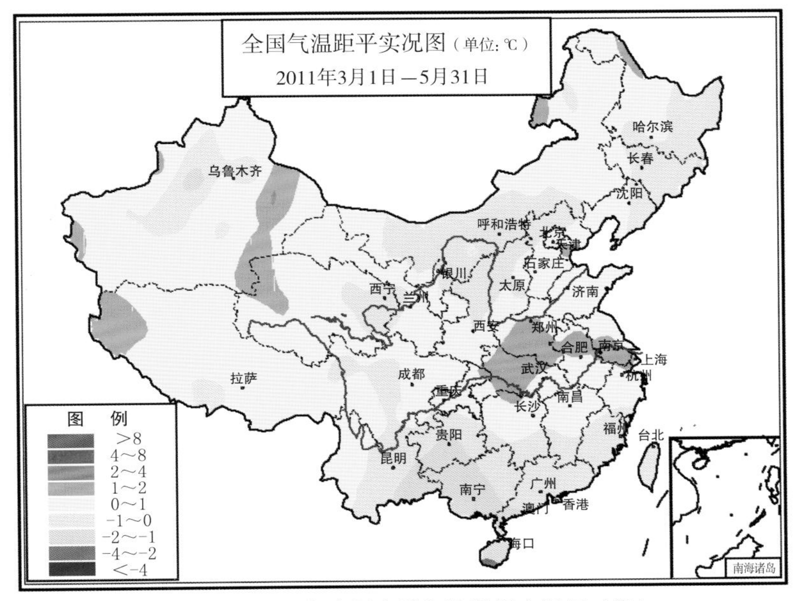

图 2.1 2011 年全国春季气温距平实况图（℃）

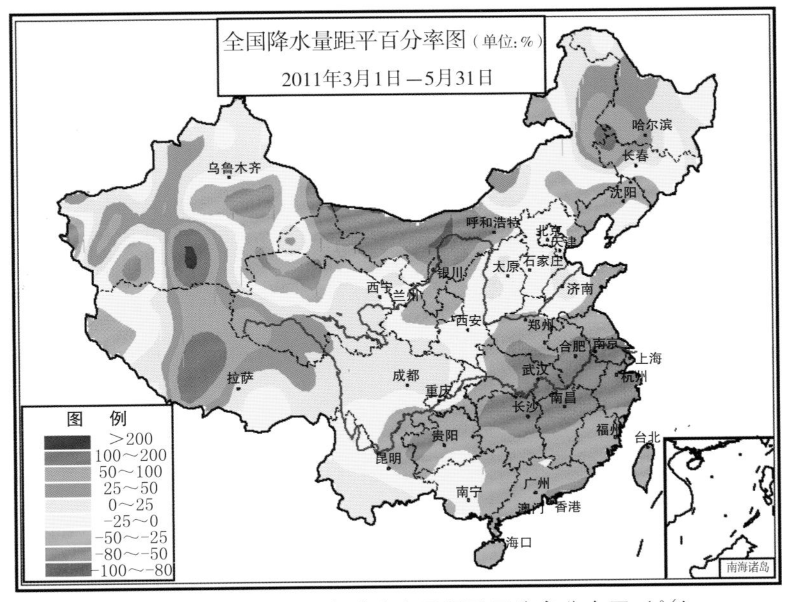

图 2.2 2011 年全国春季降水量距平百分率分布图（%）

2.1 冷空气路径偏东

图2.3是2011年春季北半球500hPa高度距平场分布，我国为东低西高型分布，贝加尔湖地区为正距平中心，有利于冷空气从东路南下影响我国。在850hPa风场距平上（图2.4），贝加尔湖地区为反气旋环流，偏北气流基本位于110°E以东，冷空气活动路径偏东，不利于西北地区沙源地起沙。

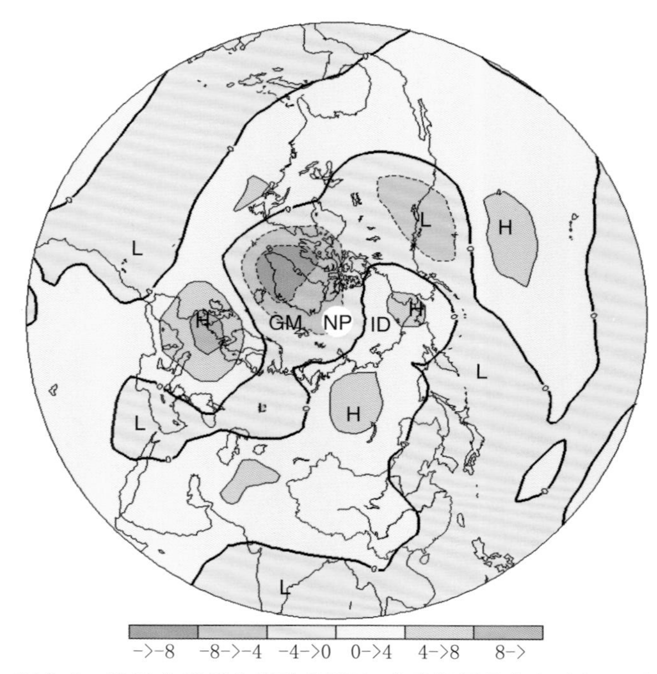

图2.3 2011年春季北半球500hPa高度距平场分布（dagpm）

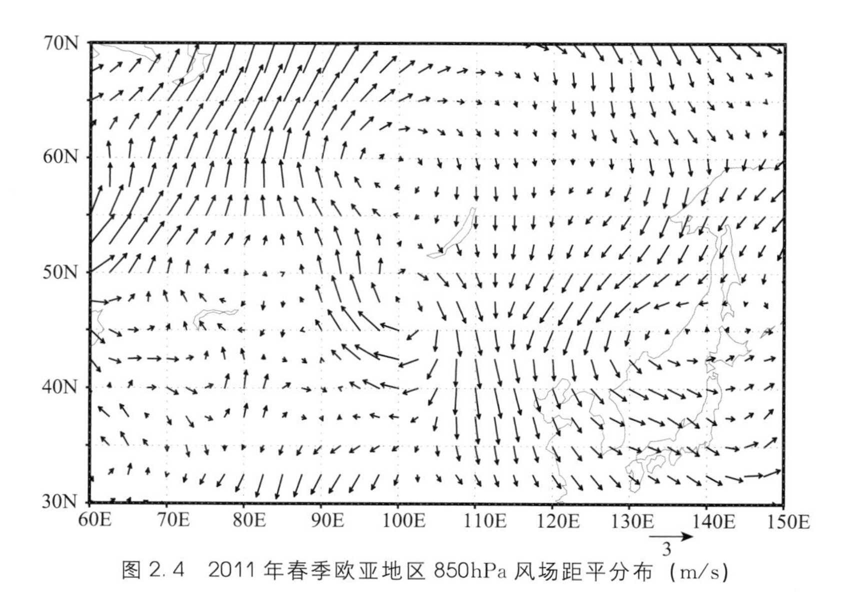

图2.4 2011年春季欧亚地区850hPa风场距平分布（m/s）

2.2 起沙动力条件偏弱

2011 年春季 3—5 月，西太平洋副热带高压面积总体偏弱，西伸脊点位置偏东（图 2.5），偏南暖湿气流弱，冷气团占据主导地位，冷暖气团碰撞不强，气旋活动少且弱，不利大风发生。

另外，从春季 850hPa 气温距平来看（图 2.6），东亚中高纬为北高南低型分布，贝加尔湖以北（南）为正（负）异常，该特点在 3 月份更显著（图略）。我国北方大部温度偏低，贝加尔湖以北温度偏高，使经向温度梯度减小，西风带锋区偏弱，起沙的动力条件较弱。

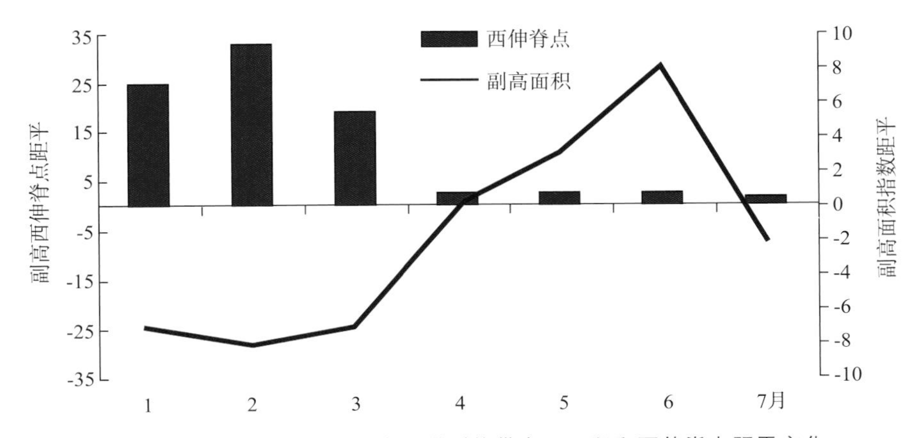

图 2.5 2011 年 1－7 月西太平洋副热带高压面积和西伸脊点距平变化

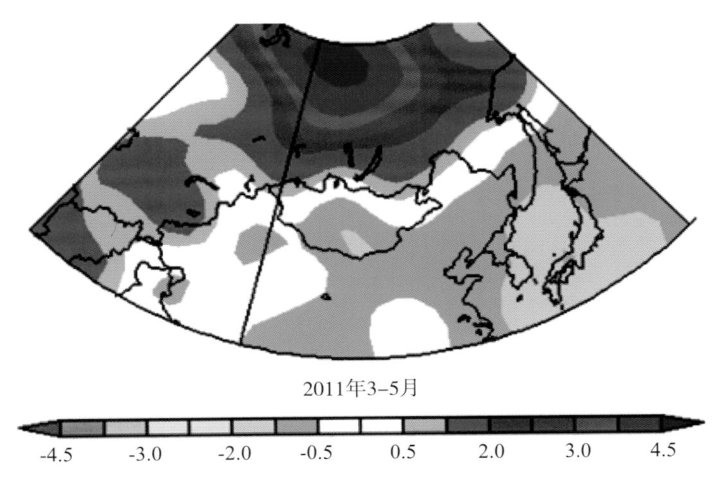

图 2.6 2011 年春季欧亚地区 850hPa 温度距平分布（℃）

3 2011年沙尘天气过程纪要表

编号	起止时间	过程类型	主要影响系统	扬沙和沙尘暴主要影响范围	风力
201101	3月12—14日	强沙尘暴	冷锋	南疆盆地、甘肃中部和东部、青海南部和东北部、宁夏、内蒙古西部、陕西北部、山西中北部的部分地区以及辽宁西部、河北南部、河南东部等地的局部地区出现了扬沙，其中，南疆盆地和青海南部的部分地区出现了沙尘暴或强沙尘暴。	4～6级，部分地区7级
201102	3月17—18日	扬沙	冷锋	南疆盆地、青海柴达木盆地、内蒙古中西部和东南部、宁夏、河北北部、天津的部分地区以及甘肃西部和中部、河南北部等地的局部地区出现了扬沙，其中，内蒙古西部的部分地区以及西藏西部、柴达木盆地、南疆盆地局部出现了沙尘暴或强沙尘暴。	4～6级，部分地区7级
201103	3月20—21日	扬沙	冷锋	南疆盆地、青海西北部等地的部分地区出现了扬沙，南疆盆地的部分地区以及青海西北部局部出现了沙尘暴或强沙尘暴。	4～5级，局部地区6～7级
201104	4月4—6日	扬沙	冷锋 蒙古气旋	南疆盆地、内蒙古西部的部分地区以及甘肃西部、辽宁西部、吉林西部等地的局部地区出现了扬沙，其中，南疆盆地的部分地区出现了沙尘暴。	4～5级，局部地区6～7级
201105	4月17日	扬沙	冷锋 热低压	南疆盆地、内蒙古中部、华北北部的部分地区以及甘肃西部、新疆东北部等地的局部地区出现了扬沙，其中，甘肃西部局部出现了沙尘暴。	4～5级，局部地区6级

编号	起止时间	过程类型	主要影响系统	扬沙和沙尘暴主要影响范围	风力
201106	4 月 24—25 日	扬沙	冷锋 蒙古气旋	内蒙古西部、甘肃西部、宁夏中部、山西北部的部分地区以及陕北北部和甘肃东部的局部地区出现了扬沙，其中，内蒙古西部的部分地区以及陕西北部、宁夏中部、甘肃西部局部出现了沙尘暴或强沙尘暴。	4～6 级，局部地区 7 级
201107	4 月 28—30 日	沙尘暴	冷锋	新疆南部、青海中部、内蒙古中西部、甘肃、宁夏、陕西中北部、华北北部和西部等地出现了扬沙，其中，南疆盆地、甘肃西部、内蒙古西部的部分地区以及宁夏北部、青海中部、陕西北部、内蒙古中部的局部地区出现了沙尘暴或强沙尘暴。	4～6 级，部分地区 7 级
201108	5 月 10—12 日	强沙尘暴	冷锋 蒙古气旋	南疆盆地、内蒙古中西部和东南部、辽宁西部的部分地区以及新疆北部、青海柴达木盆地的局部地区出现了扬沙，其中，内蒙古中部的部分地区以及南疆盆地局部出现了沙尘暴或强沙尘暴。	4～6 级，部分地区 7 级

4 2011年逐月沙尘天气日数分布图

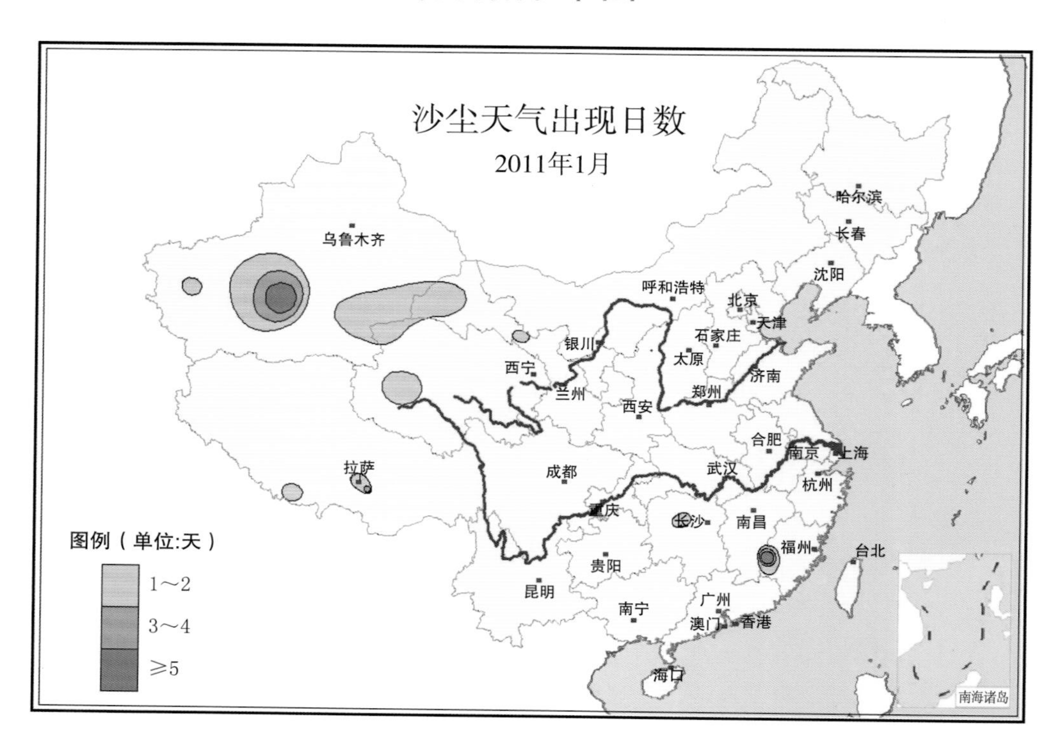

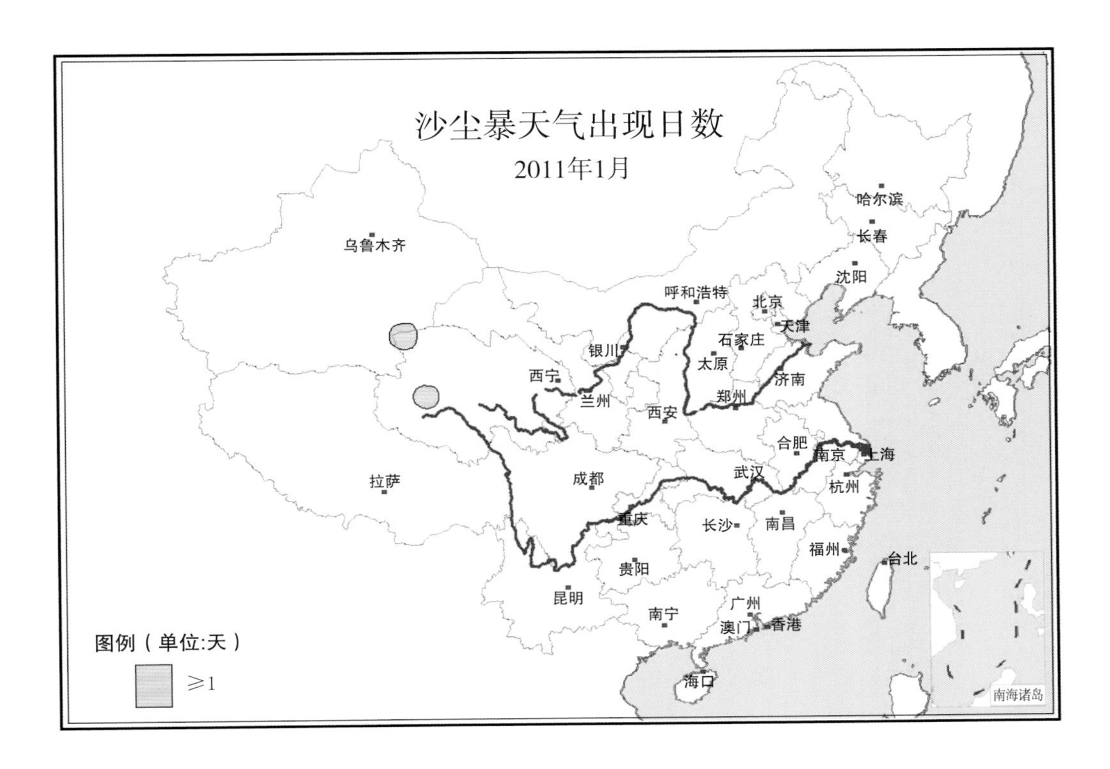
沙尘暴天气出现日数
2011年1月
哈尔滨
长春
乌鲁木齐
沈阳
呼和浩特
北京
天津
石家庄
银川
太原
西宁
济南
兰州
郑州
西安
合肥
南京
上海
拉萨
成都
武汉
杭州
重庆
长沙
南昌
福州
台北
贵阳
昆明
广州
南宁
澳门
香港
图例（单位:天）
≥1
海口
南海诸岛

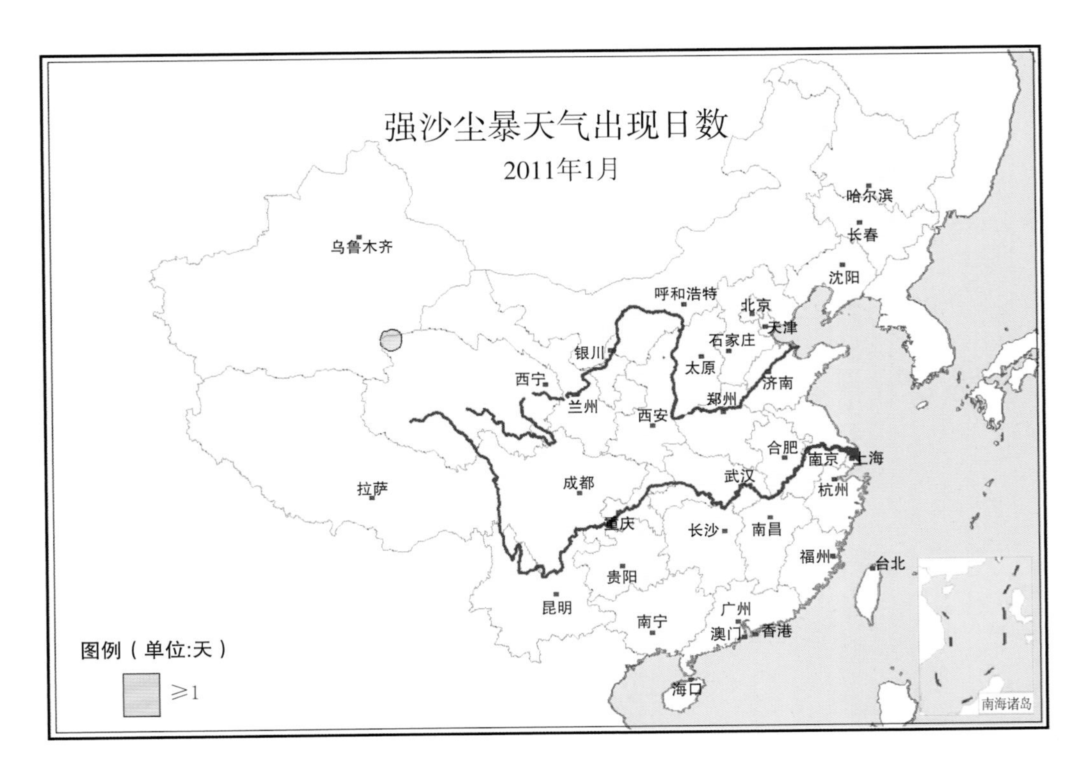
强沙尘暴天气出现日数
2011年1月
哈尔滨
长春
乌鲁木齐
沈阳
呼和浩特
北京
天津
石家庄
银川
太原
西宁
济南
兰州
西安
郑州
合肥
南京
上海
拉萨
成都
武汉
杭州
重庆
长沙
南昌
福州
台北
贵阳
昆明
广州
南宁
澳门
香港
图例（单位:天）
≥1
海口
南海诸岛

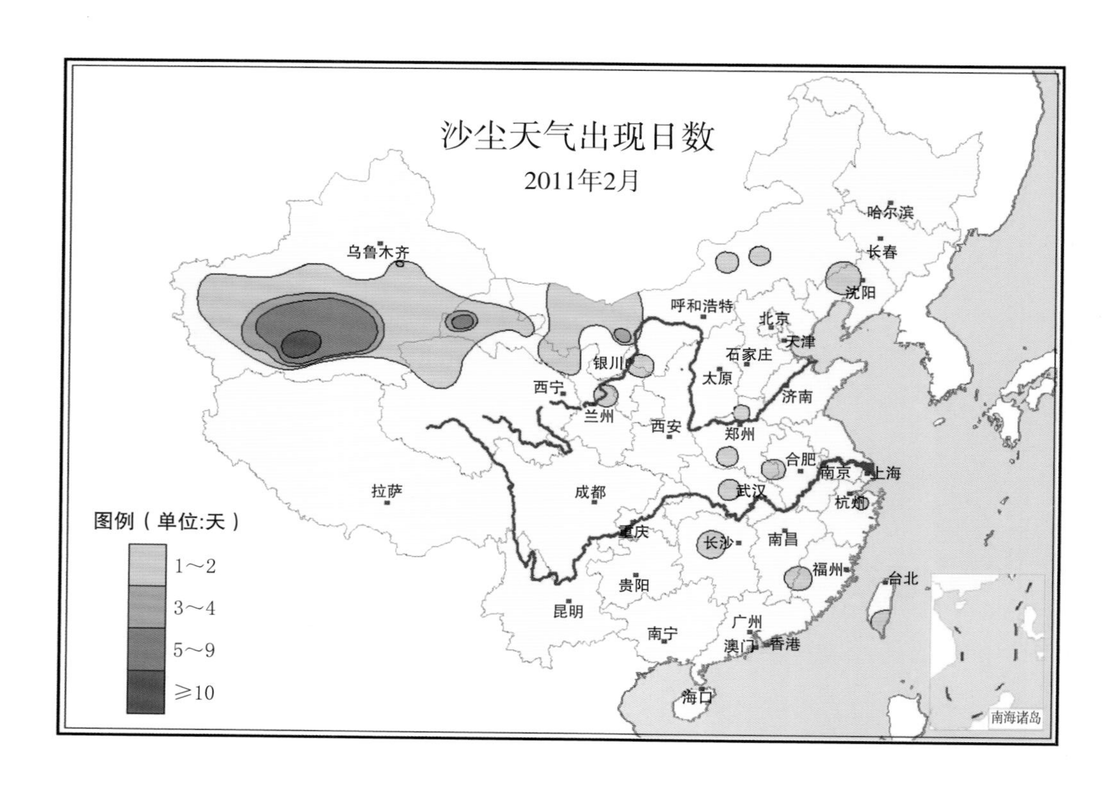
沙尘天气出现日数
2011年2月
乌鲁木齐
哈尔滨
长春
沈阳
呼和浩特
北京
天津
石家庄
银川
太原
西宁
兰州
西安
济南
郑州
合肥
南京
上海
拉萨
成都
武汉
杭州
重庆
长沙
南昌
福州
台北
贵阳
昆明
广州
南宁
澳门
香港
海口
南海诸岛
图例（单位:天）
1～2
3～4
5～9
≥10

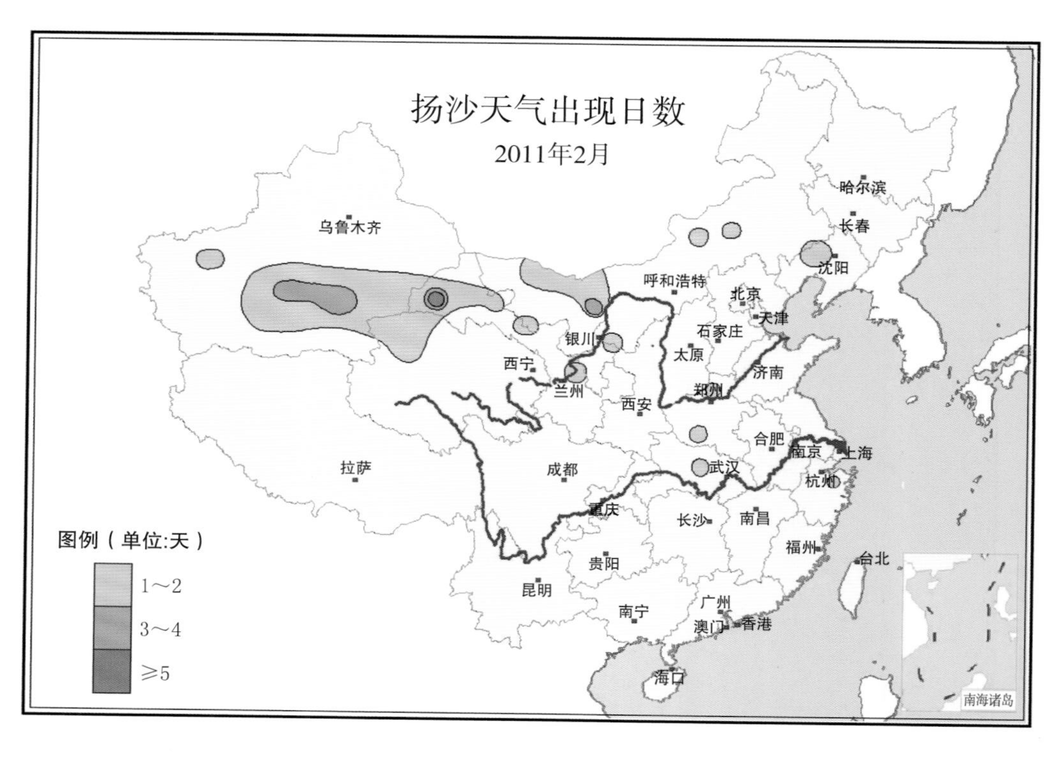
扬沙天气出现日数
2011年2月
乌鲁木齐
哈尔滨
长春
沈阳
呼和浩特
北京
天津
石家庄
银川
太原
西宁
兰州
西安
济南
郑州
合肥
南京
上海
拉萨
成都
武汉
杭州
重庆
长沙
南昌
福州
台北
贵阳
昆明
广州
南宁
澳门
香港
海口
南海诸岛
图例（单位:天）
1～2
3～4
≥5

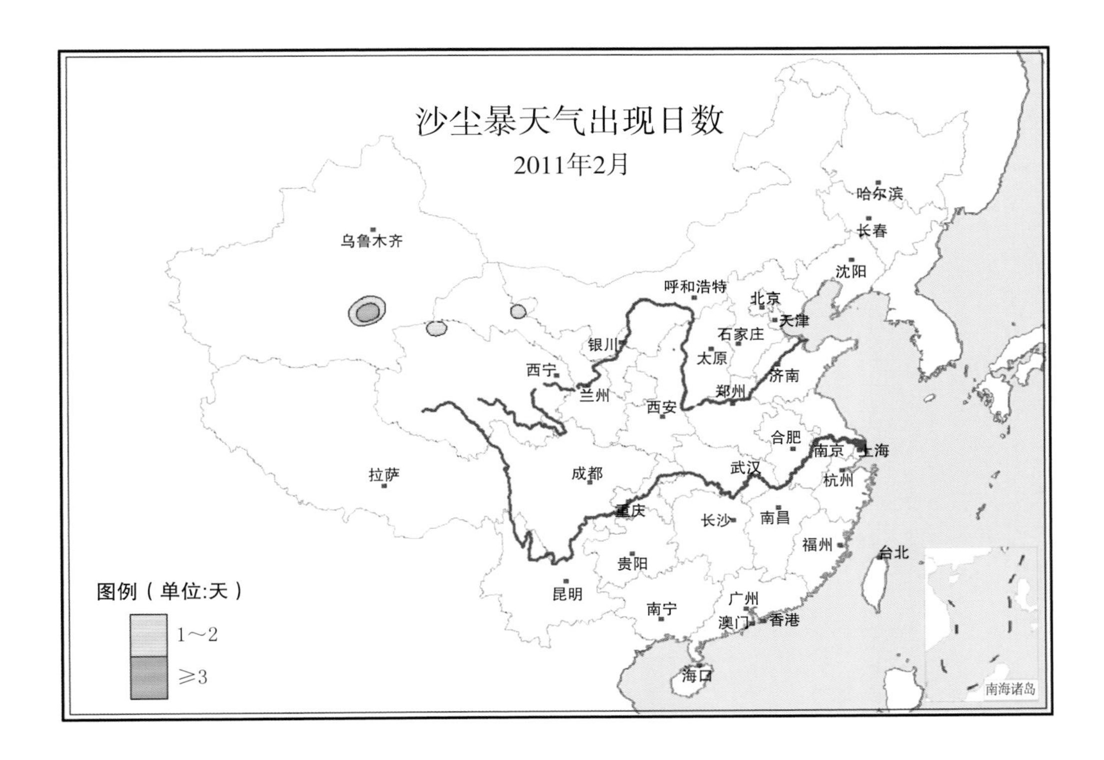
沙尘暴天气出现日数
2011年2月
哈尔滨
长春
乌鲁木齐
沈阳
呼和浩特
北京
天津
石家庄
银川
太原
西宁
济南
兰州
郑州
西安
合肥
南京
上海
武汉
拉萨
成都
杭州
重庆
长沙
南昌
福州
台北
贵阳
图例（单位:天）
昆明
广州
南宁
澳门
香港
1～2
≥3
海口
南海诸岛

强沙尘暴天气出现日数
2011年2月
哈尔滨
长春
乌鲁木齐
沈阳
呼和浩特
北京
天津
石家庄
银川
太原
西宁
济南
兰州
郑州
西安
合肥
南京
上海
武汉
拉萨
成都
杭州
重庆
长沙
南昌
福州
台北
贵阳
昆明
广州
南宁
图例（单位:天）
澳门
香港
≥1
海口
南海诸岛

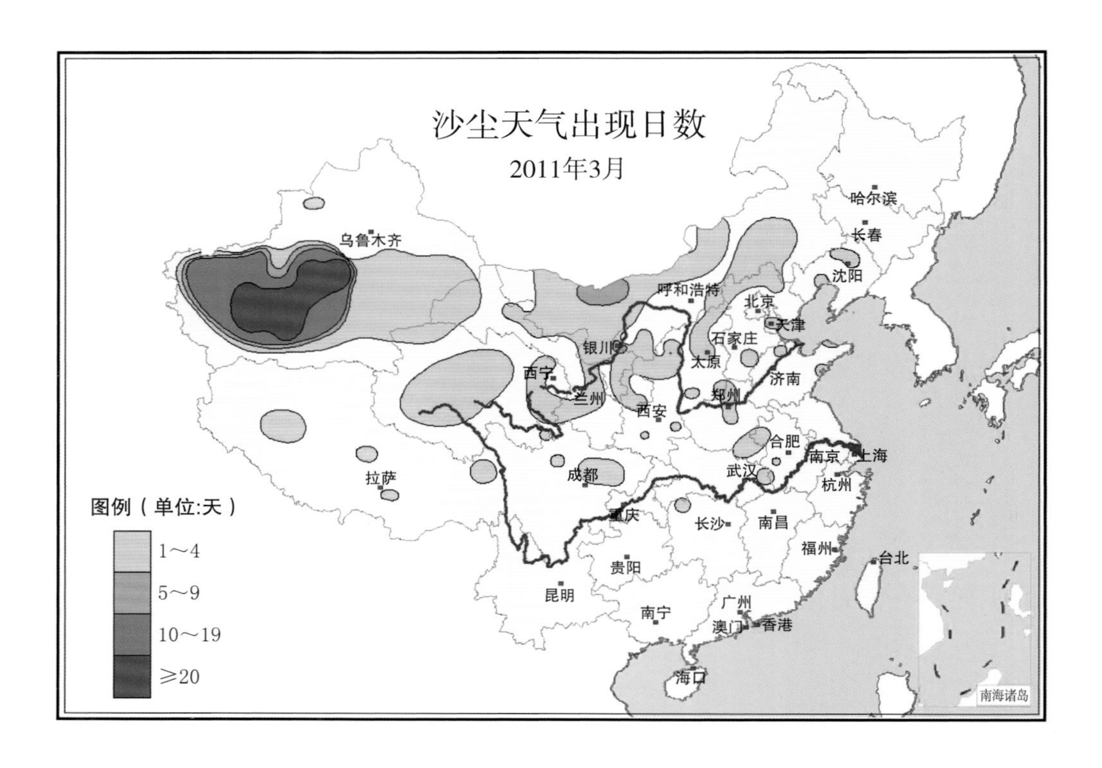
沙尘天气出现日数
2011年3月
图例（单位:天）
1～4
5～9
10～19
≥20
乌鲁木齐
哈尔滨
长春
沈阳
呼和浩特
北京
天津
石家庄
银川
太原
西宁
兰州
济南
郑州
西安
合肥
南京
上海
武汉
拉萨
成都
杭州
重庆
长沙
南昌
福州
台北
贵阳
昆明
广州
南宁
澳门
香港
海口
南海诸岛

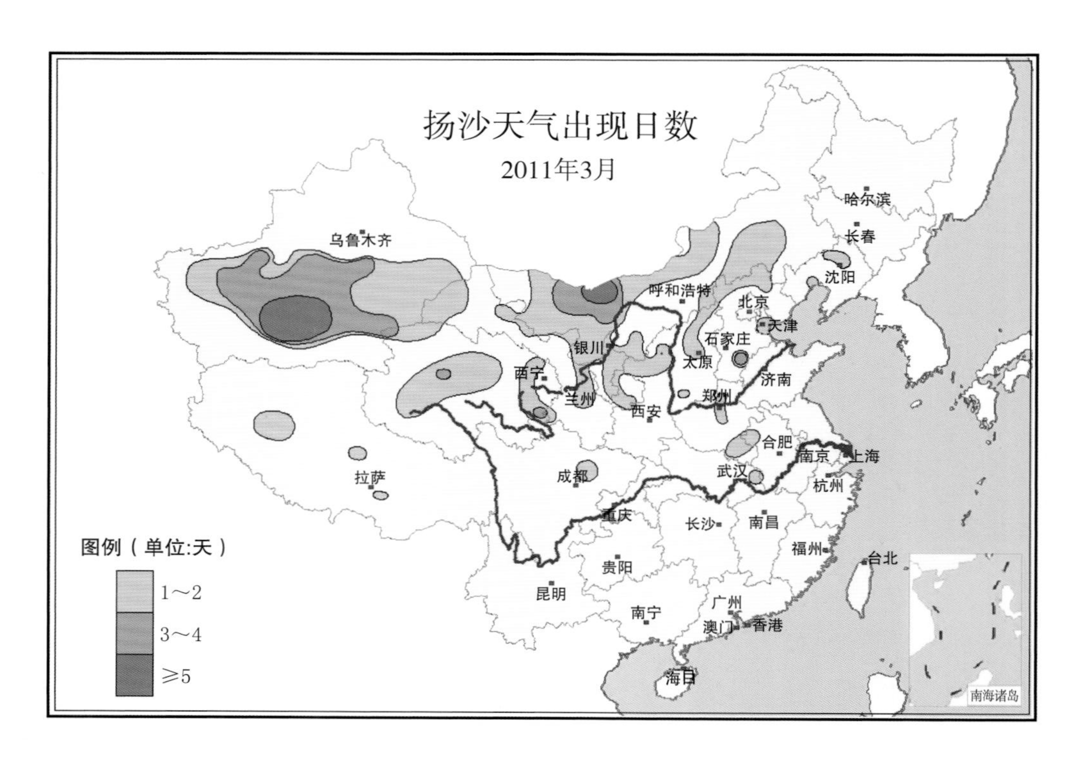
扬沙天气出现日数
2011年3月
图例（单位:天）
1～2
3～4
≥5
乌鲁木齐
哈尔滨
长春
沈阳
呼和浩特
北京
天津
石家庄
银川
太原
西宁
兰州
济南
郑州
西安
合肥
南京
上海
武汉
拉萨
成都
杭州
重庆
长沙
南昌
福州
台北
贵阳
昆明
广州
南宁
澳门
香港
海口
南海诸岛

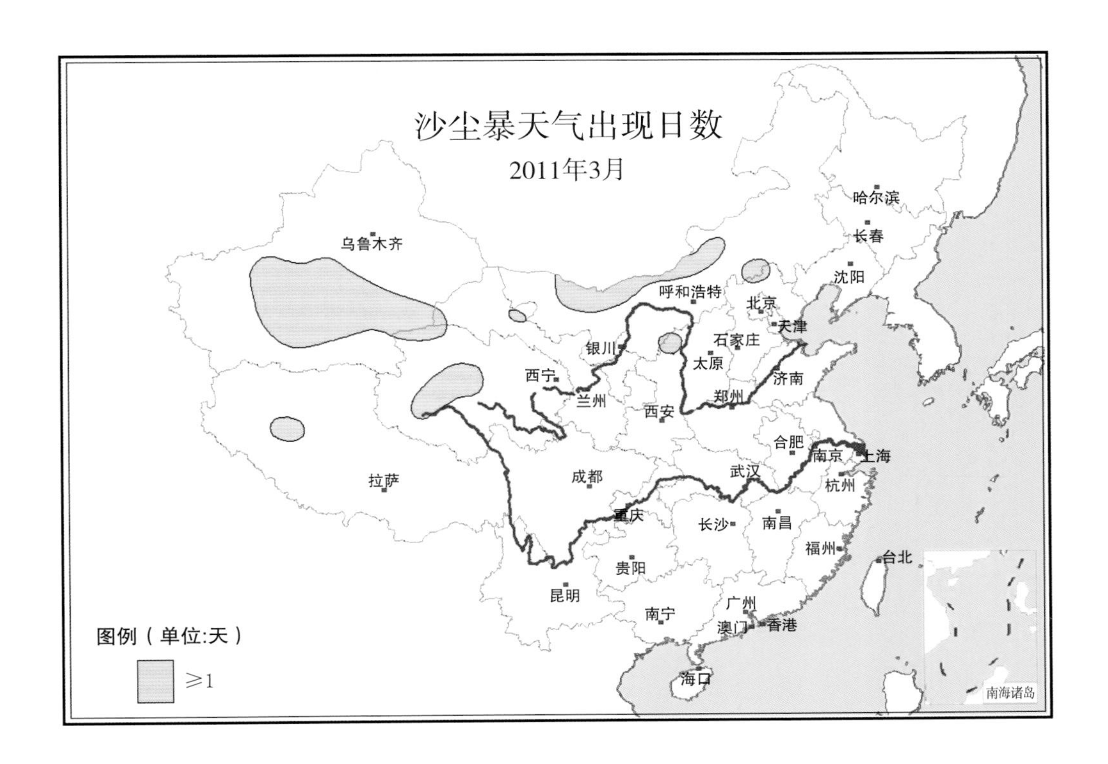
沙尘暴天气出现日数
2011年3月
哈尔滨
长春
沈阳
乌鲁木齐
呼和浩特
北京
天津
石家庄
银川
太原
西宁
兰州
济南
郑州
西安
合肥
南京
上海
拉萨
成都
武汉
杭州
重庆
长沙
南昌
福州
台北
贵阳
昆明
广州
南宁
澳门
香港
海口
南海诸岛
图例（单位:天）
≥1

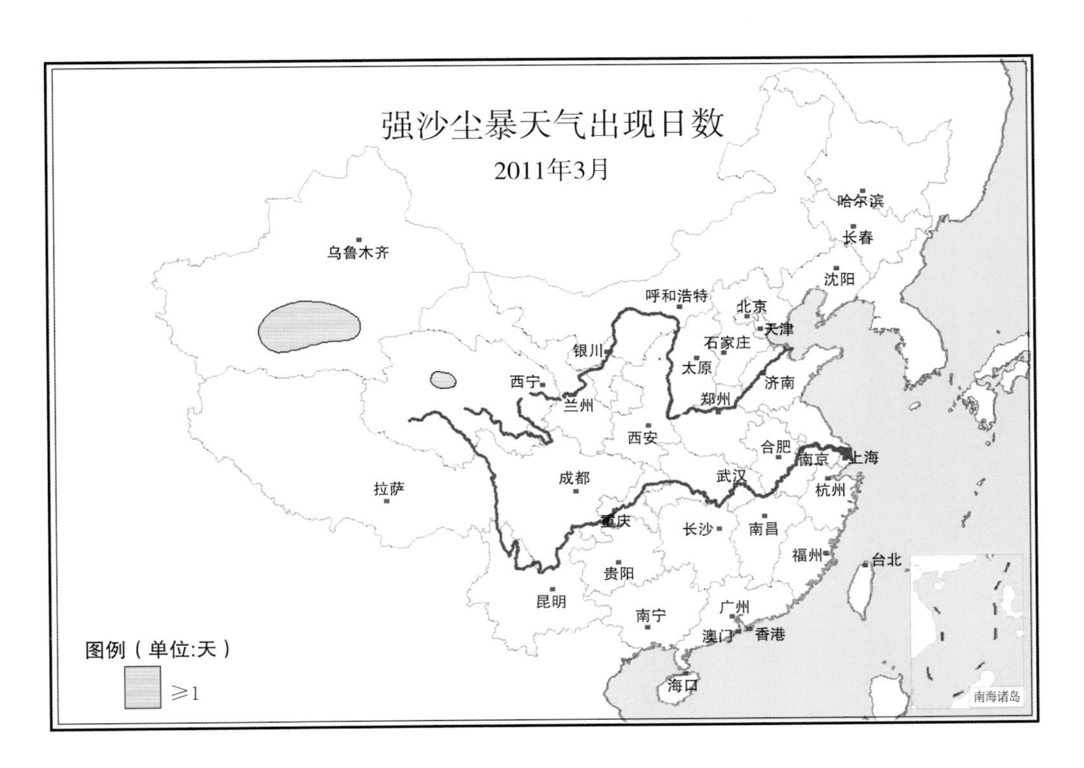
强沙尘暴天气出现日数
2011年3月
哈尔滨
长春
乌鲁木齐
沈阳
呼和浩特
北京
天津
石家庄
银川
太原
西宁
济南
兰州
郑州
西安
合肥
南京
上海
成都
武汉
拉萨
杭州
重庆
长沙
南昌
福州
台北
贵阳
昆明
广州
南宁
澳门
香港
海口
南海诸岛
图例（单位:天）
≥1

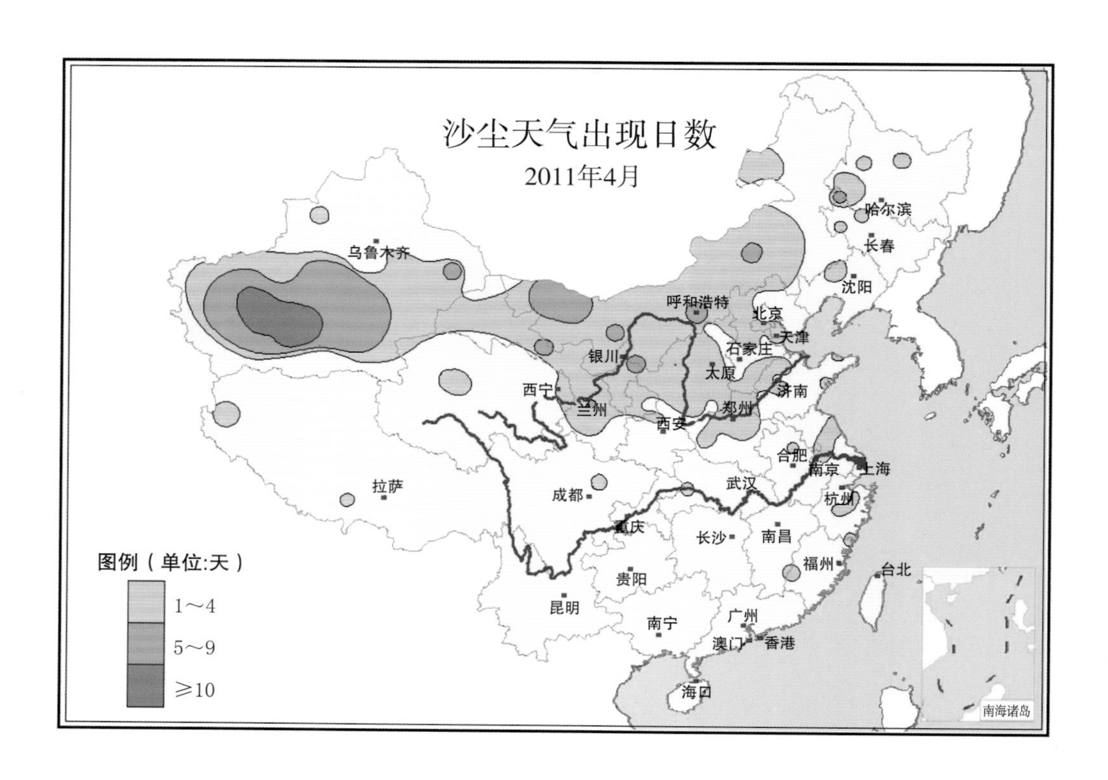
沙尘天气出现日数
2011年4月
图例（单位:天）
1～4
5～9
≥10
乌鲁木齐
哈尔滨
长春
沈阳
呼和浩特
北京
天津
石家庄
银川
太原
济南
西宁
兰州
西安
郑州
合肥
南京
上海
拉萨
成都
武汉
杭州
重庆
长沙
南昌
福州
台北
贵阳
昆明
广州
南宁
澳门
香港
海口
南海诸岛

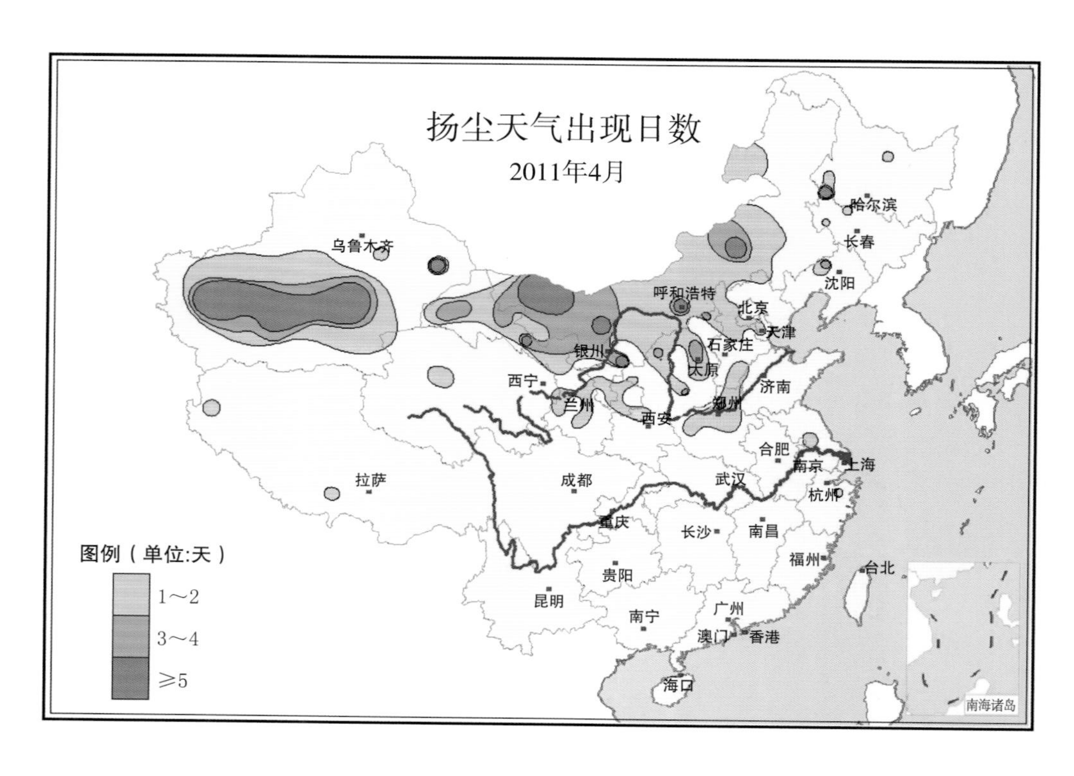
扬尘天气出现日数
2011年4月
图例（单位:天）
1～2
3～4
≥5
乌鲁木齐
哈尔滨
长春
沈阳
呼和浩特
北京
天津
石家庄
银川
太原
济南
西宁
兰州
西安
郑州
合肥
南京
上海
拉萨
成都
武汉
杭州
重庆
长沙
南昌
福州
台北
贵阳
昆明
广州
南宁
澳门
香港
海口
南海诸岛

沙尘暴天气出现日数
2011年4月
哈尔滨
长春
乌鲁木齐
沈阳
呼和浩特
北京
天津
石家庄
银川
太原
西宁
济南
兰州
郑州
西安
合肥
南京
上海
拉萨
成都
武汉
杭州
重庆
长沙
南昌
福州
台北
贵阳
昆明
广州
南宁
澳门
香港
海口
南海诸岛
图例（单位:天）
≥1

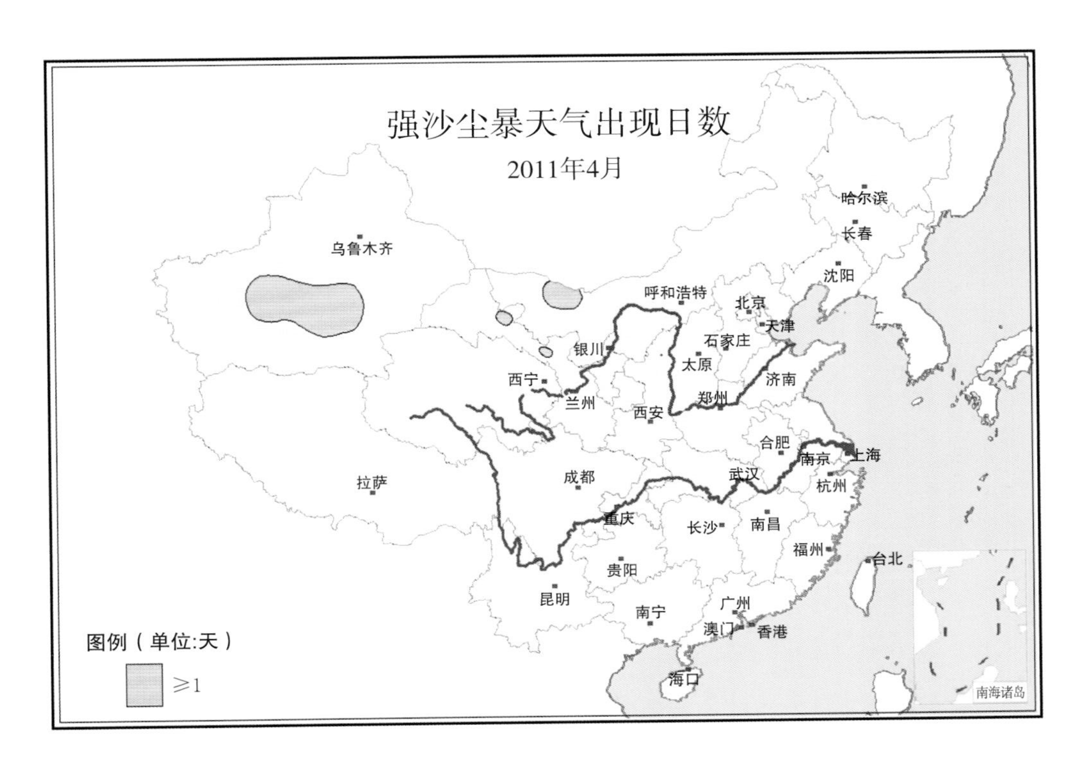
强沙尘暴天气出现日数
2011年4月
哈尔滨
长春
乌鲁木齐
沈阳
呼和浩特
北京
天津
石家庄
银川
太原
西宁
济南
兰州
郑州
西安
合肥
南京
上海
拉萨
成都
武汉
杭州
重庆
长沙
南昌
福州
台北
贵阳
昆明
广州
南宁
澳门
香港
海口
南海诸岛
图例（单位:天）
≥1

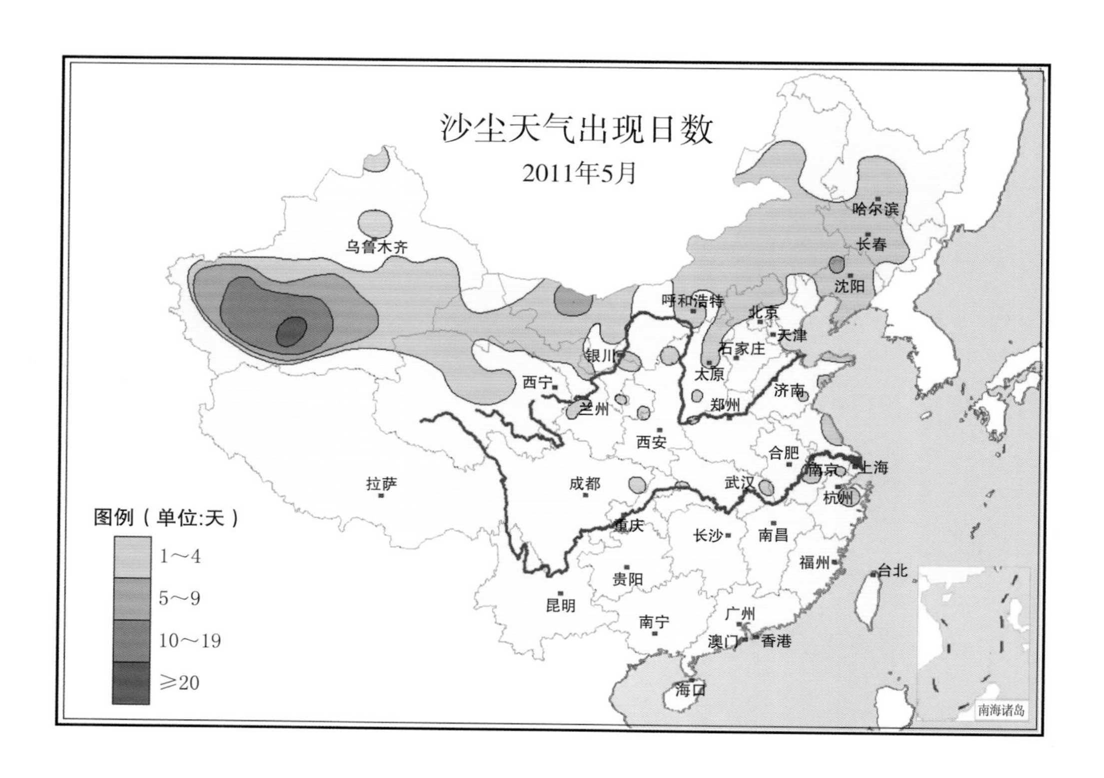
沙尘天气出现日数
2011年5月
乌鲁木齐
哈尔滨
长春
沈阳
呼和浩特
北京
天津
银川
石家庄
太原
西宁
济南
兰州
郑州
西安
合肥
南京
上海
拉萨
成都
武汉
杭州
图例（单位:天）
1～4
5～9
10～19
≥20
重庆
长沙
南昌
福州
台北
贵阳
昆明
广州
南宁
澳门
香港
海口
南海诸岛

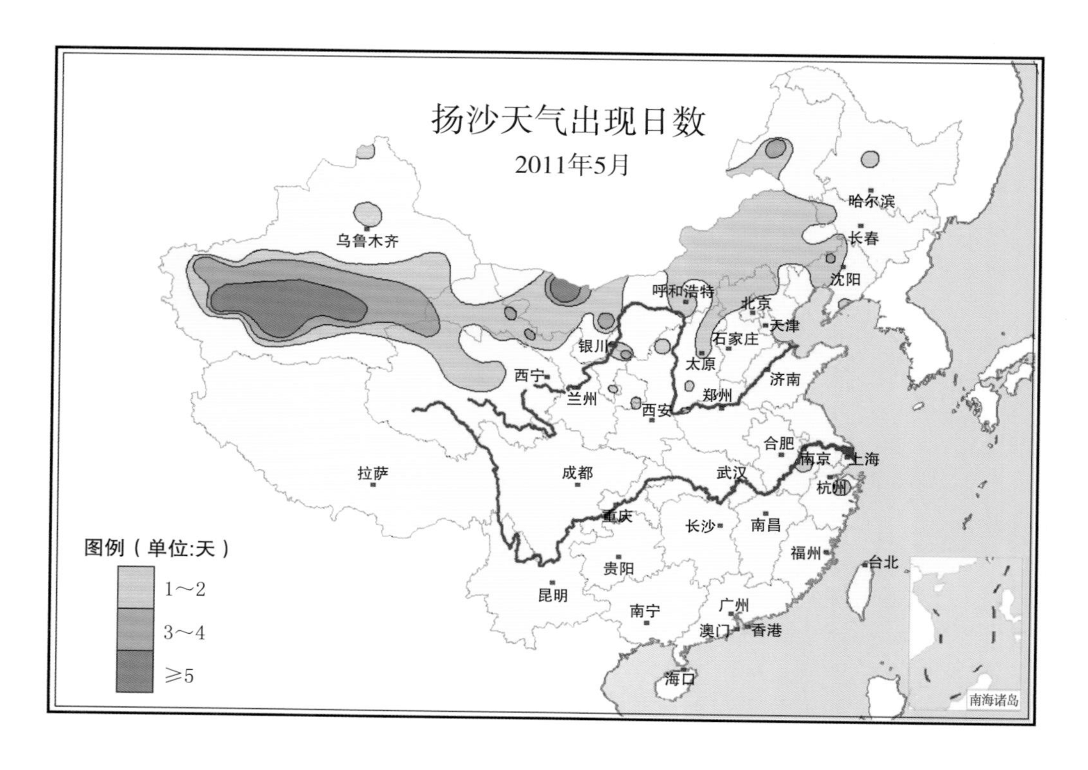
扬沙天气出现日数
2011年5月
哈尔滨
乌鲁木齐
长春
沈阳
呼和浩特
北京
天津
石家庄
银川
太原
西宁
济南
兰州
郑州
西安
合肥
南京
上海
拉萨
成都
武汉
杭州
重庆
长沙
南昌
图例（单位:天）
福州
台北
1～2
贵阳
昆明
广州
3～4
南宁
澳门
香港
≥5
海口
南海诸岛

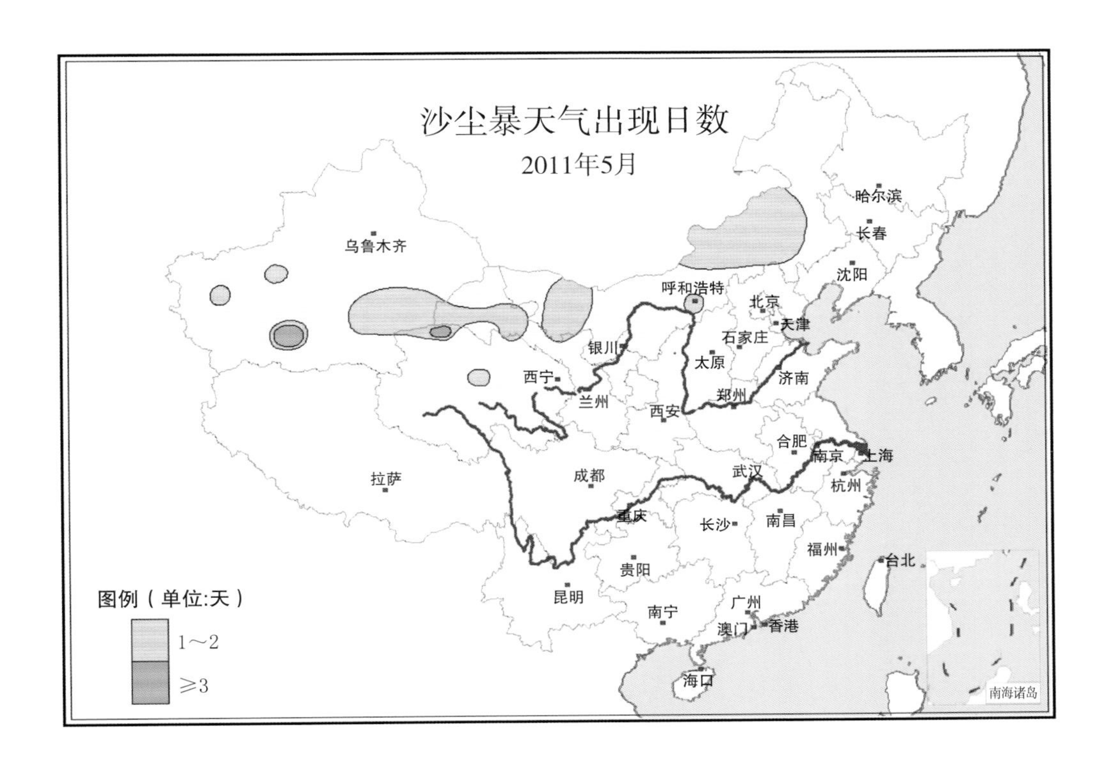
沙尘暴天气出现日数
2011年5月
图例（单位:天）
1～2
≥3
乌鲁木齐
哈尔滨
长春
沈阳
呼和浩特
北京
天津
石家庄
太原
济南
银川
西宁
兰州
郑州
西安
合肥
南京
上海
武汉
杭州
拉萨
成都
重庆
长沙
南昌
福州
台北
贵阳
昆明
广州
南宁
澳门
香港
海口
南海诸岛

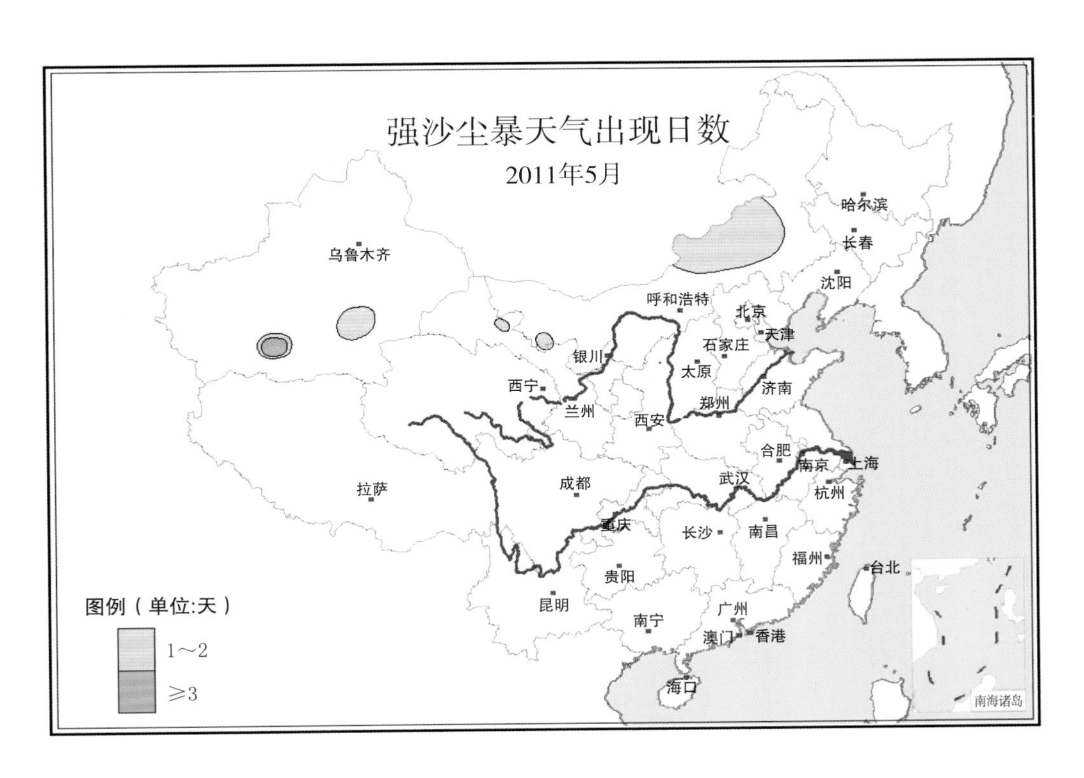
强沙尘暴天气出现日数
2011年5月
图例（单位:天）
1～2
≥3
乌鲁木齐
哈尔滨
长春
沈阳
呼和浩特
北京
天津
石家庄
太原
济南
银川
西宁
兰州
郑州
西安
合肥
南京
上海
武汉
杭州
拉萨
成都
重庆
长沙
南昌
福州
台北
贵阳
昆明
广州
南宁
澳门
香港
海口
南海诸岛

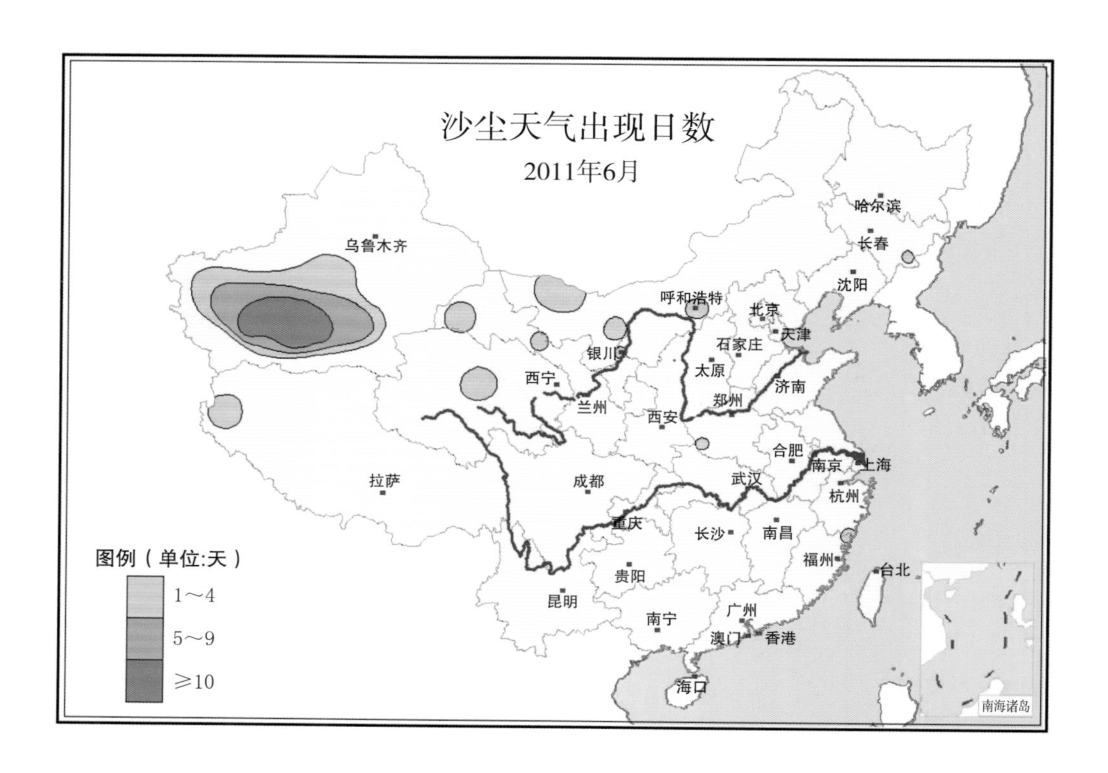
沙尘天气出现日数
2011年6月
乌鲁木齐
哈尔滨
长春
沈阳
呼和浩特
北京
天津
石家庄
银川
太原
西宁
济南
兰州
郑州
西安
合肥
南京
上海
拉萨
成都
武汉
杭州
重庆
长沙
南昌
福州
台北
贵阳
昆明
广州
南宁
澳门
香港
海口
南海诸岛
图例（单位:天）
1～4
5～9
≥10

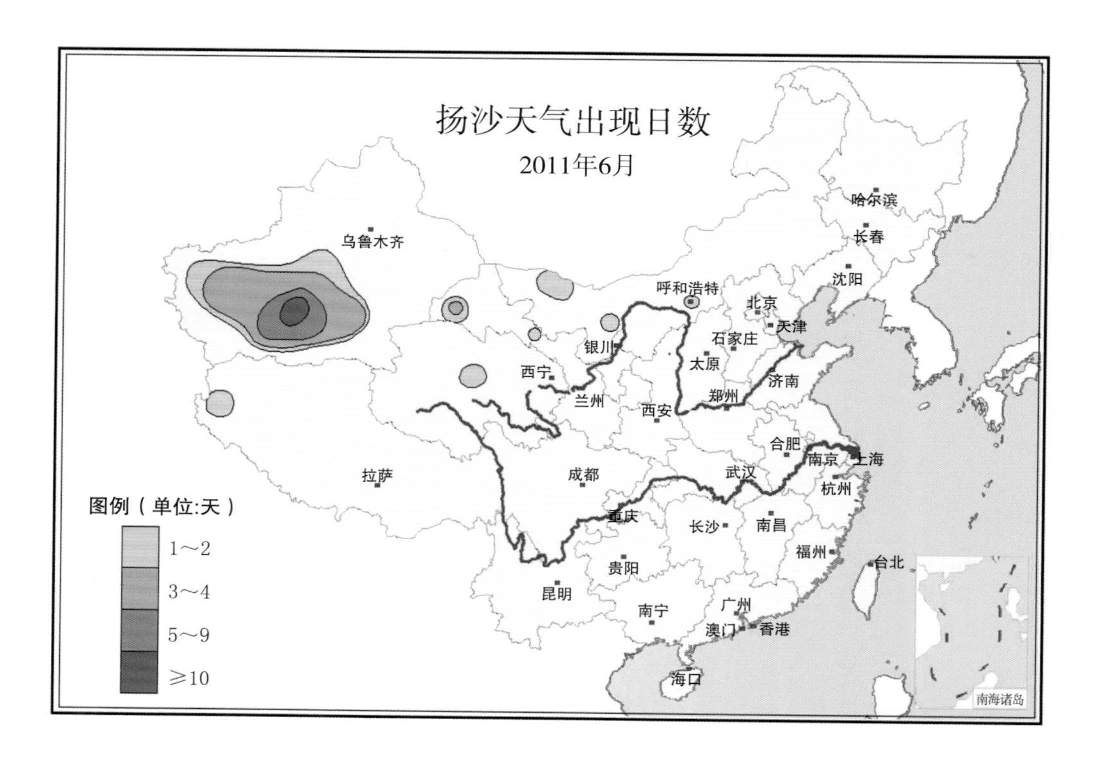
扬沙天气出现日数
2011年6月
乌鲁木齐
哈尔滨
长春
沈阳
呼和浩特
北京
天津
石家庄
银川
太原
西宁
济南
兰州
郑州
西安
合肥
南京
上海
拉萨
成都
武汉
杭州
重庆
长沙
南昌
福州
台北
贵阳
昆明
广州
南宁
澳门
香港
海口
南海诸岛
图例（单位:天）
1～2
3～4
5～9
≥10

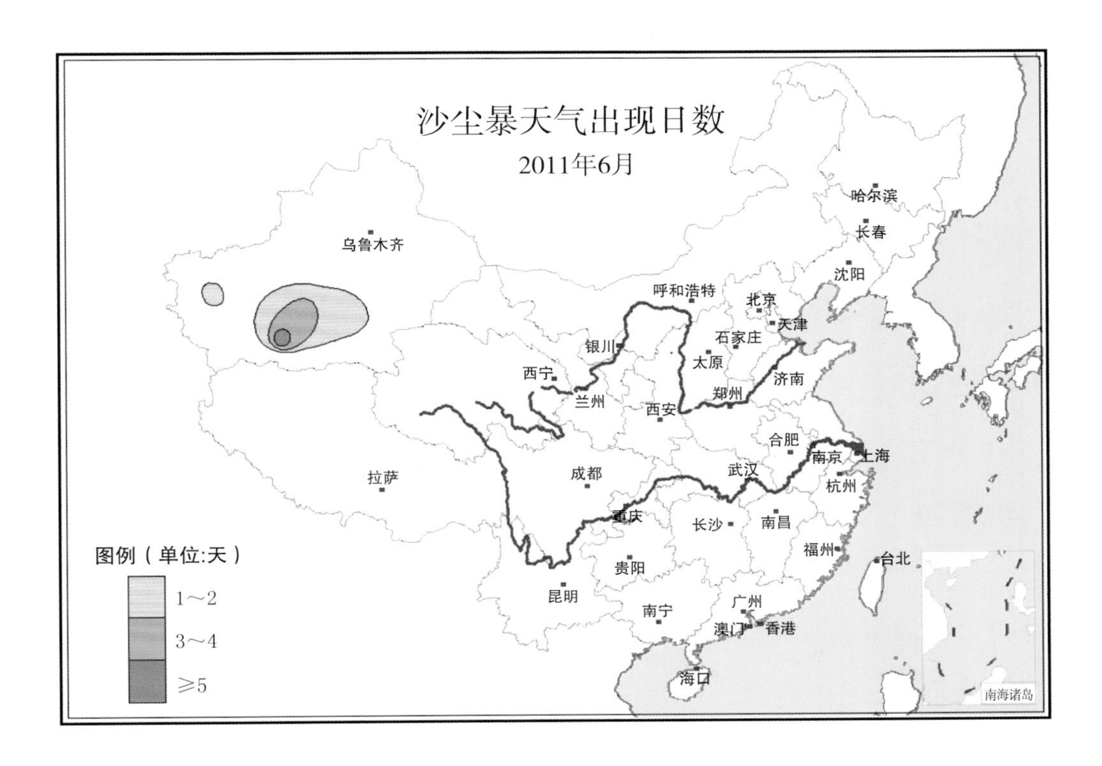
沙尘暴天气出现日数
2011年6月
乌鲁木齐
哈尔滨
长春
沈阳
呼和浩特
北京
天津
石家庄
银川
太原
西宁
济南
郑州
兰州
西安
合肥
南京
上海
成都
武汉
杭州
拉萨
重庆
长沙
南昌
福州
台北
贵阳
昆明
广州
南宁
澳门
香港
海口
南海诸岛
图例（单位:天）
1～2
3～4
≥5

强沙尘暴天气出现日数
2011年6月
乌鲁木齐
哈尔滨
长春
沈阳
呼和浩特
北京
天津
石家庄
银川
太原
西宁
济南
郑州
兰州
西安
合肥
南京
上海
成都
武汉
杭州
拉萨
重庆
长沙
南昌
福州
台北
贵阳
昆明
广州
南宁
澳门
香港
海口
南海诸岛
图例（单位:天）
≥1

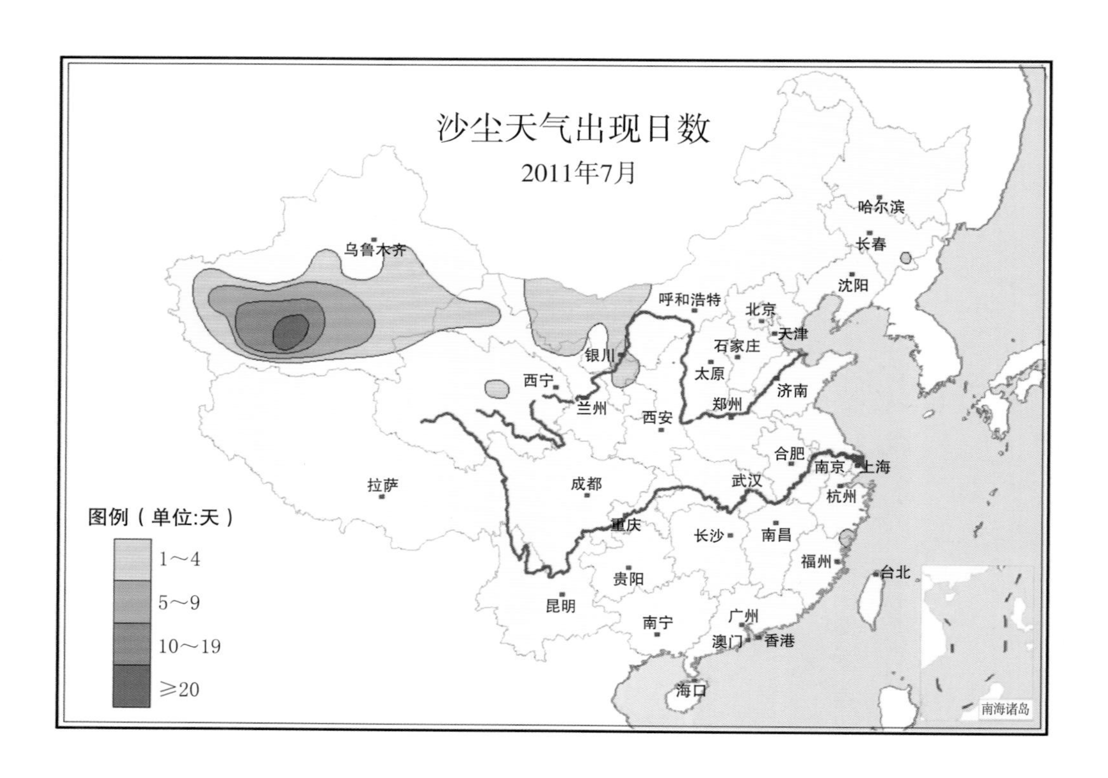
沙尘天气出现日数
2011年7月
乌鲁木齐
哈尔滨
长春
沈阳
呼和浩特
北京
天津
石家庄
银川
太原
西宁
兰州
郑州
济南
西安
合肥
南京
上海
拉萨
成都
武汉
杭州
重庆
长沙
南昌
福州
台北
贵阳
昆明
南宁
广州
澳门
香港
海口
南海诸岛
图例（单位:天）
1～4
5～9
10～19
≥20

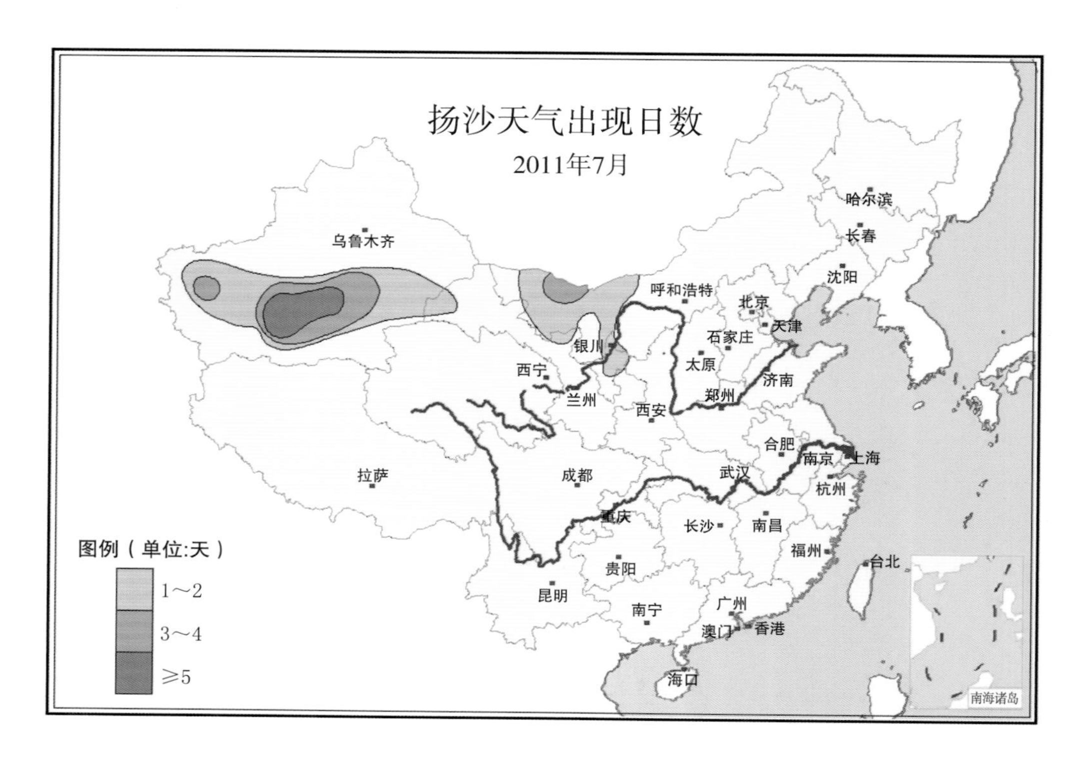
扬沙天气出现日数
2011年7月
乌鲁木齐
哈尔滨
长春
沈阳
呼和浩特
北京
天津
石家庄
银川
太原
西宁
兰州
郑州
济南
西安
合肥
南京
上海
拉萨
成都
武汉
杭州
重庆
长沙
南昌
福州
台北
贵阳
昆明
南宁
广州
澳门
香港
海口
南海诸岛
图例（单位:天）
1～2
3～4
≥5

沙尘暴天气出现日数

2011年7月

图例（单位:天）

1～2

≥3

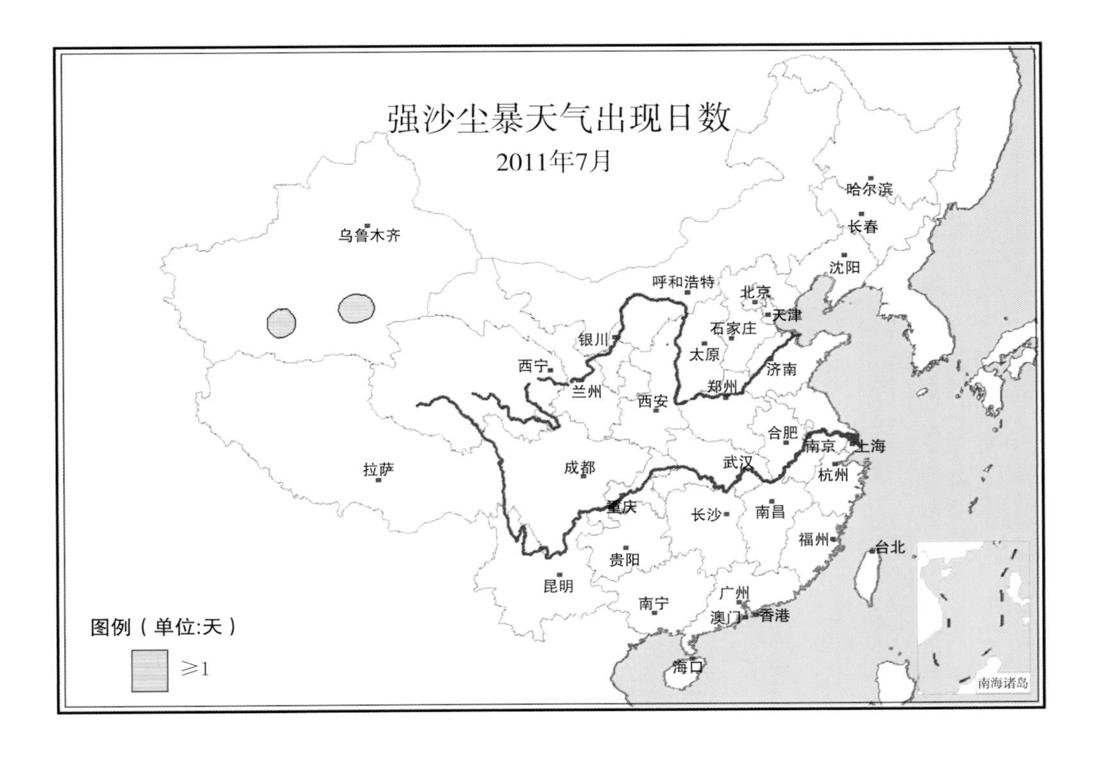

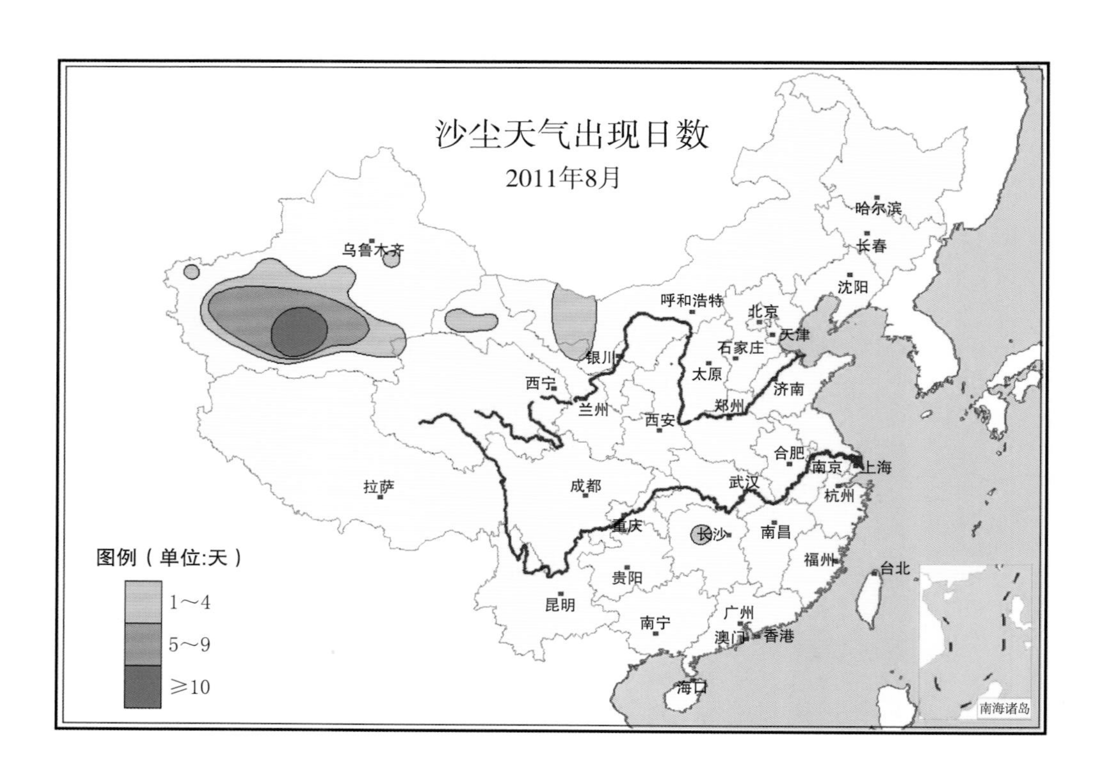
沙尘天气出现日数
2011年8月
乌鲁木齐
哈尔滨
长春
沈阳
呼和浩特
北京
天津
石家庄
银川
太原
西宁
兰州
西安
郑州
济南
合肥
南京
上海
拉萨
成都
武汉
杭州
重庆
长沙
南昌
福州
台北
贵阳
昆明
南宁
广州
澳门
香港
海口
南海诸岛
图例（单位:天）
1～4
5～9
≥10

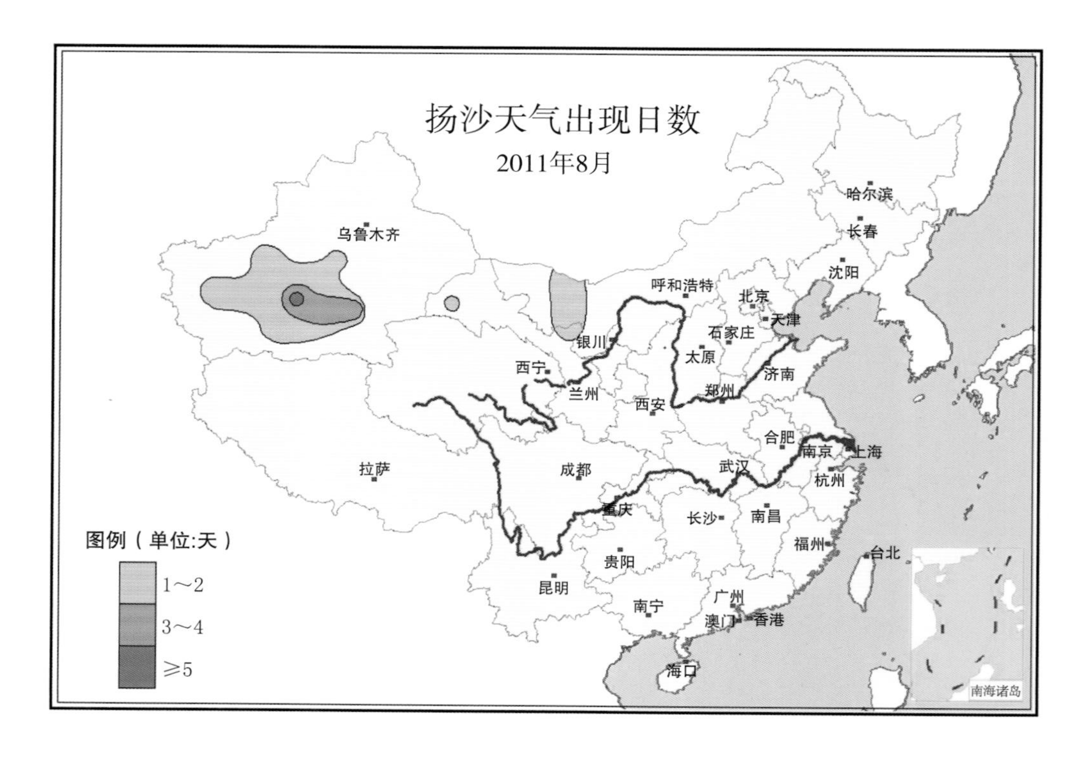
扬沙天气出现日数
2011年8月
乌鲁木齐
哈尔滨
长春
沈阳
呼和浩特
北京
天津
石家庄
银川
太原
西宁
兰州
西安
郑州
济南
合肥
南京
上海
拉萨
成都
武汉
杭州
重庆
长沙
南昌
福州
台北
贵阳
昆明
南宁
广州
澳门
香港
海口
南海诸岛
图例（单位:天）
1～2
3～4
≥5

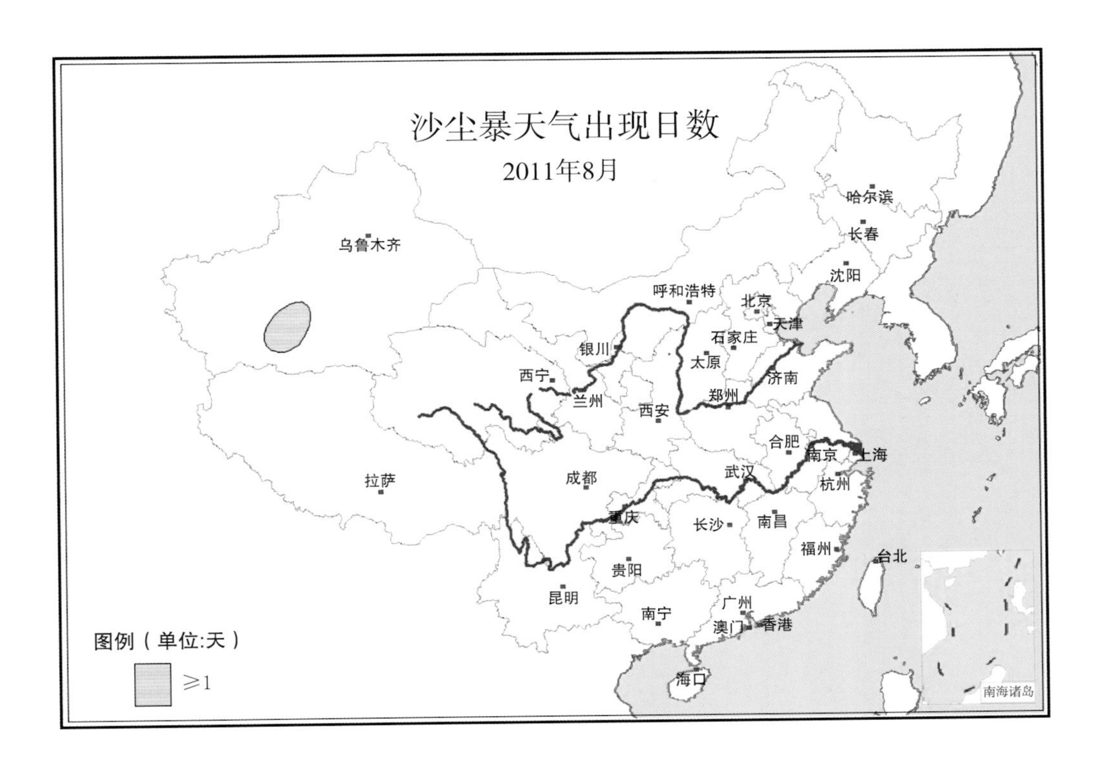
沙尘暴天气出现日数
2011年8月
乌鲁木齐
哈尔滨
长春
沈阳
呼和浩特
北京
天津
石家庄
银川
太原
西宁
兰州
济南
郑州
西安
合肥
南京
上海
拉萨
成都
武汉
杭州
重庆
长沙
南昌
福州
台北
贵阳
昆明
广州
南宁
澳门
香港
海口
南海诸岛
图例（单位:天）
≥1

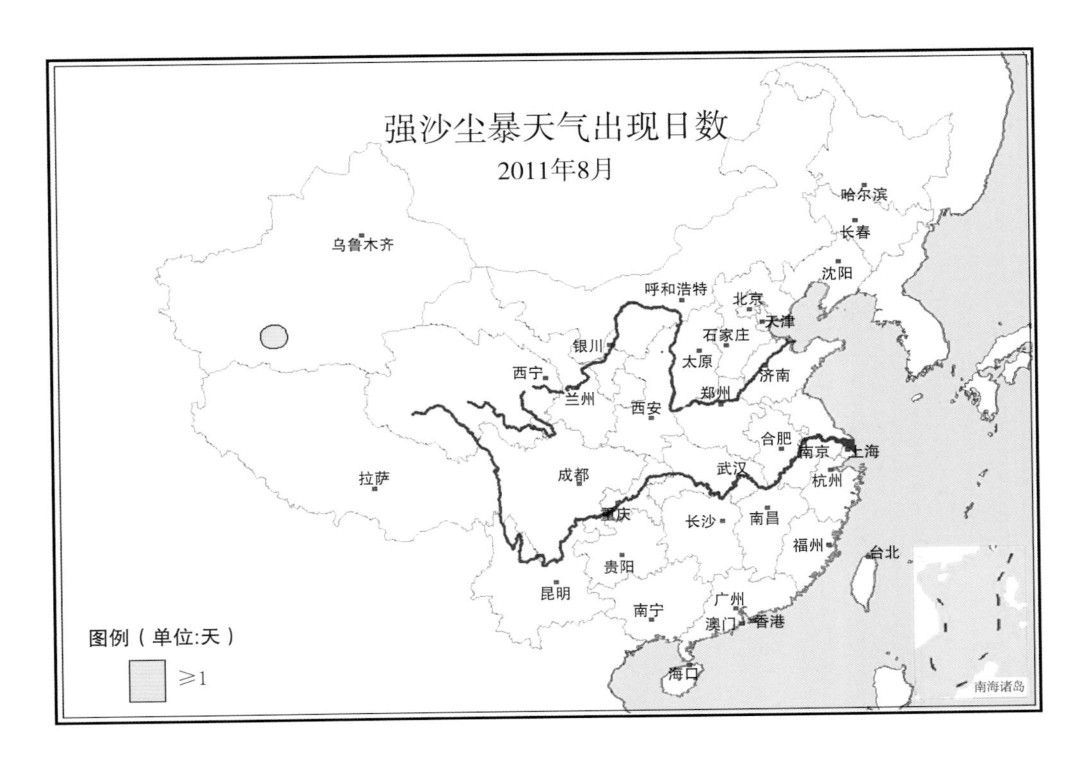
强沙尘暴天气出现日数
2011年8月
乌鲁木齐
哈尔滨
长春
沈阳
呼和浩特
北京
天津
石家庄
银川
太原
西宁
兰州
济南
郑州
西安
合肥
南京
上海
拉萨
成都
武汉
杭州
重庆
长沙
南昌
福州
台北
贵阳
昆明
广州
南宁
澳门
香港
海口
南海诸岛
图例（单位:天）
≥1

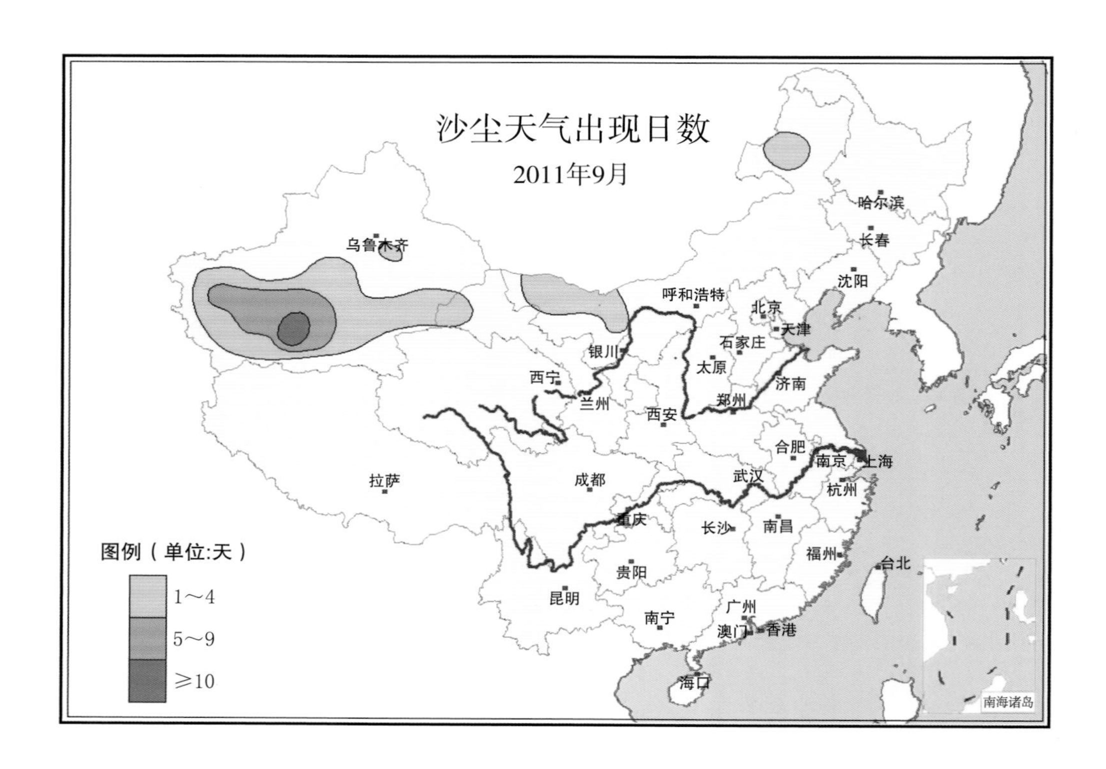
沙尘天气出现日数
2011年9月
乌鲁木齐
哈尔滨
长春
沈阳
呼和浩特
北京
天津
石家庄
银川
太原
西宁
济南
兰州
郑州
西安
合肥
南京
上海
拉萨
成都
武汉
杭州
重庆
长沙
南昌
福州
台北
贵阳
昆明
广州
南宁
澳门
香港
海口
南海诸岛
图例（单位:天）
1～4
5～9
≥10

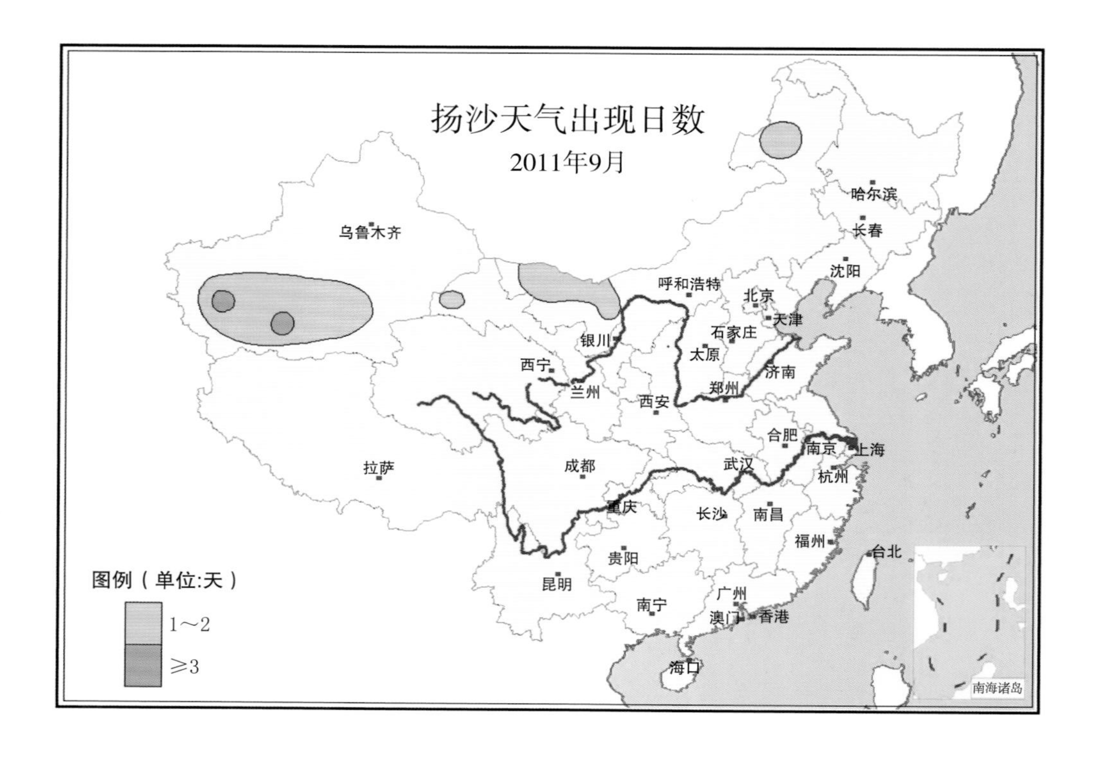
扬沙天气出现日数
2011年9月
乌鲁木齐
哈尔滨
长春
沈阳
呼和浩特
北京
天津
石家庄
银川
太原
西宁
济南
兰州
郑州
西安
合肥
南京
上海
拉萨
成都
武汉
杭州
重庆
长沙
南昌
福州
台北
贵阳
昆明
广州
南宁
澳门
香港
海口
南海诸岛
图例（单位:天）
1～2
≥3

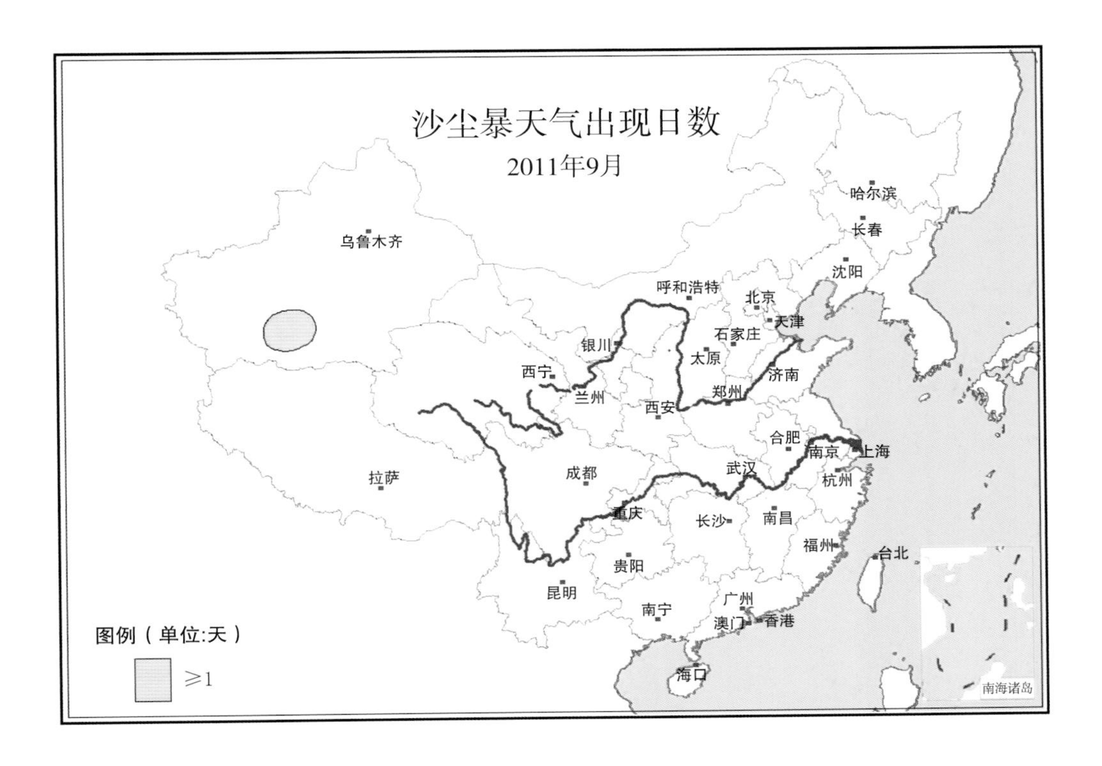
沙尘暴天气出现日数
2011年9月
哈尔滨
长春
乌鲁木齐
沈阳
呼和浩特
北京
天津
石家庄
银川
太原
西宁
济南
兰州
郑州
西安
合肥
南京
上海
拉萨
成都
武汉
杭州
重庆
长沙
南昌
福州
台北
贵阳
昆明
广州
南宁
澳门
香港
图例（单位:天）
≥1
海口
南海诸岛

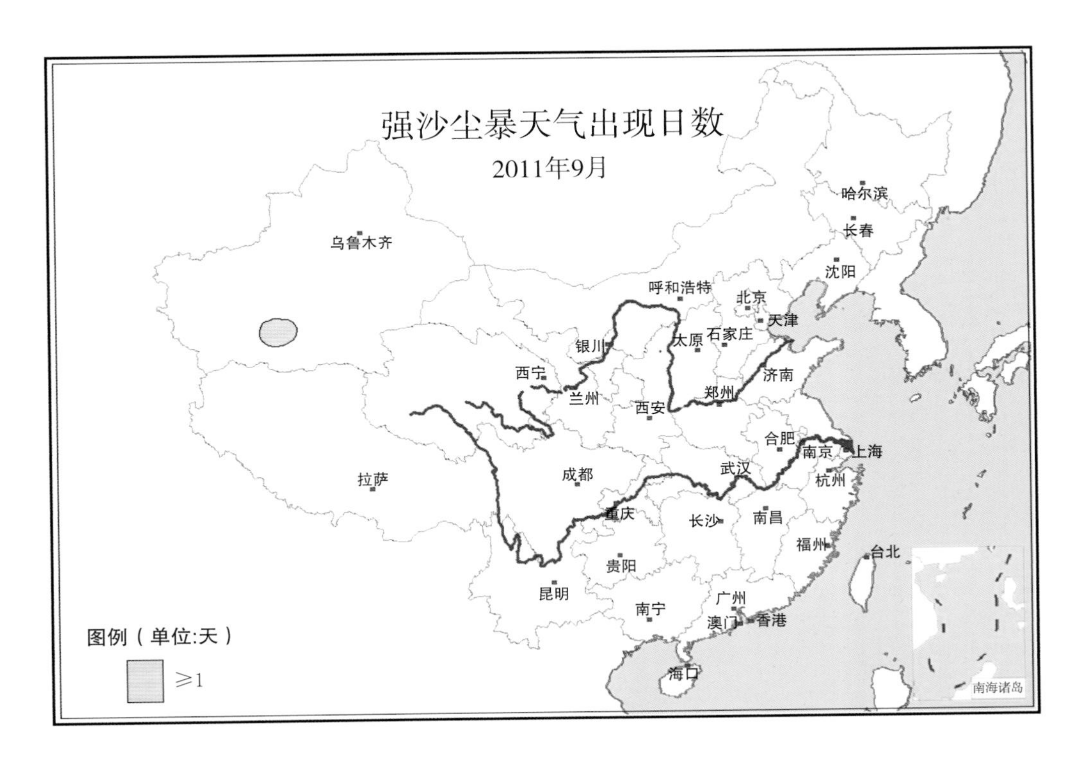
强沙尘暴天气出现日数
2011年9月
哈尔滨
长春
乌鲁木齐
沈阳
呼和浩特
北京
天津
太原
石家庄
银川
西宁
济南
兰州
郑州
西安
合肥
南京
上海
拉萨
成都
武汉
杭州
重庆
长沙
南昌
福州
台北
贵阳
昆明
广州
南宁
澳门
香港
图例（单位:天）
≥1
海口
南海诸岛

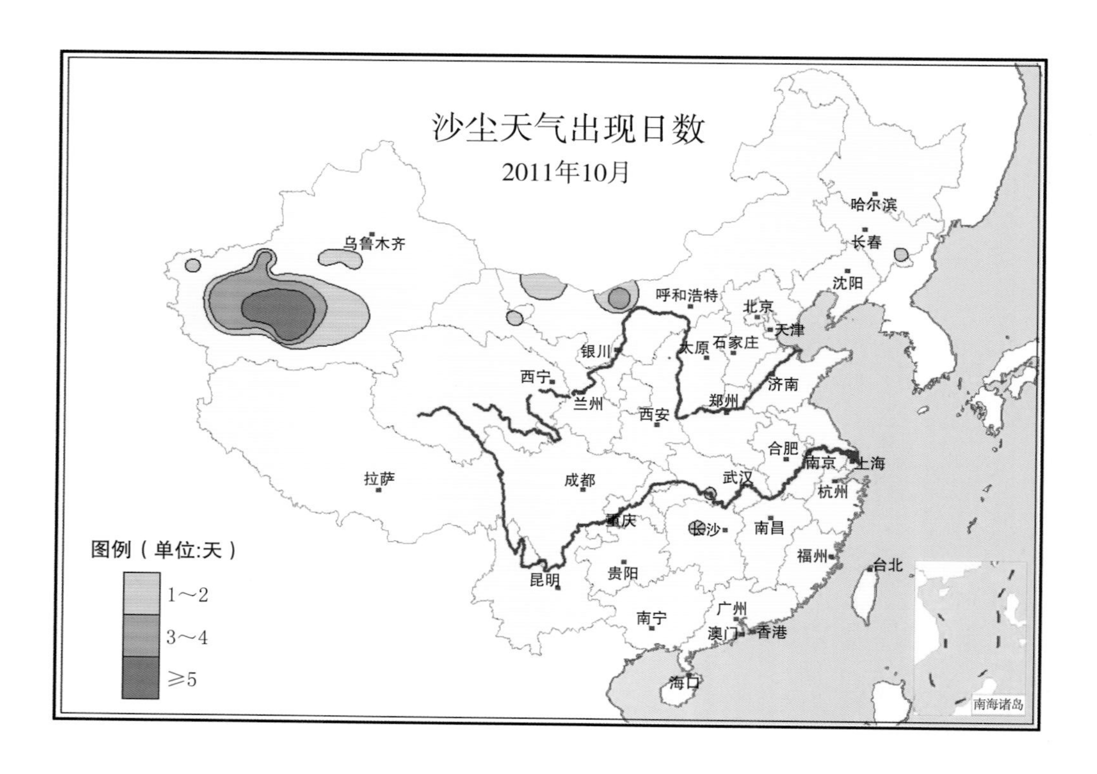
沙尘天气出现日数
2011年10月
乌鲁木齐
哈尔滨
长春
沈阳
呼和浩特
北京
天津
银川
太原
石家庄
西宁
兰州
济南
郑州
西安
合肥
南京
上海
拉萨
成都
武汉
杭州
重庆
长沙
南昌
福州
台北
昆明
贵阳
南宁
广州
澳门
香港
海口
南海诸岛
图例（单位:天）
1～2
3～4
≥5

扬沙天气出现日数
2011年10月
乌鲁木齐
哈尔滨
长春
沈阳
呼和浩特
北京
天津
银川
石家庄
太原
西宁
兰州
济南
郑州
西安
合肥
南京
上海
拉萨
成都
武汉
杭州
重庆
长沙
南昌
福州
台北
贵阳
昆明
南宁
广州
澳门
香港
海口
南海诸岛
图例（单位:天）
1～2
≥3

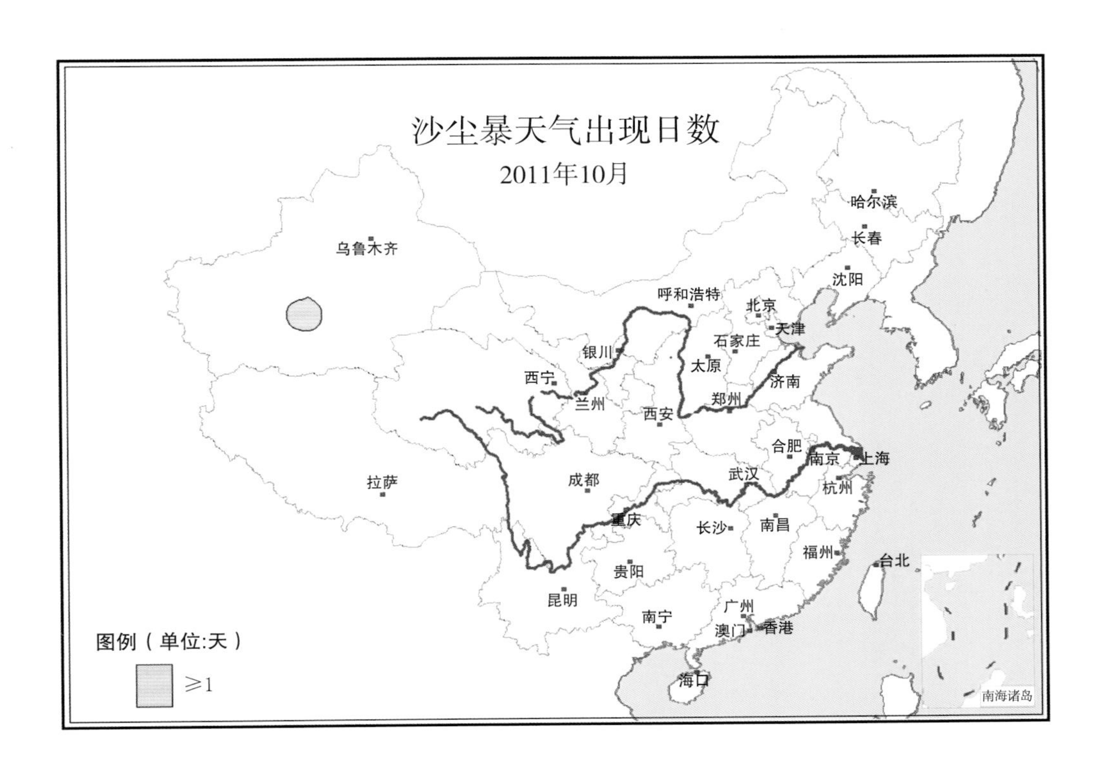
沙尘暴天气出现日数
2011年10月
哈尔滨
长春
乌鲁木齐
沈阳
呼和浩特
北京
天津
石家庄
银川
太原
西宁
济南
兰州
郑州
西安
合肥
南京
上海
拉萨
成都
武汉
杭州
重庆
长沙
南昌
福州
台北
贵阳
昆明
广州
南宁
澳门
香港
海口
南海诸岛
图例（单位:天）
≥1

强沙尘暴天气出现日数
2011年10月
哈尔滨
长春
乌鲁木齐
沈阳
呼和浩特
北京
天津
银川
太原
石家庄
济南
无强沙尘暴
郑州
西安
合肥
南京
上海
杭州
拉萨
成都
武汉
重庆
南昌
长沙
福州
台北
贵阳
昆明
广州
南宁
澳门香港
海口
南海诸岛

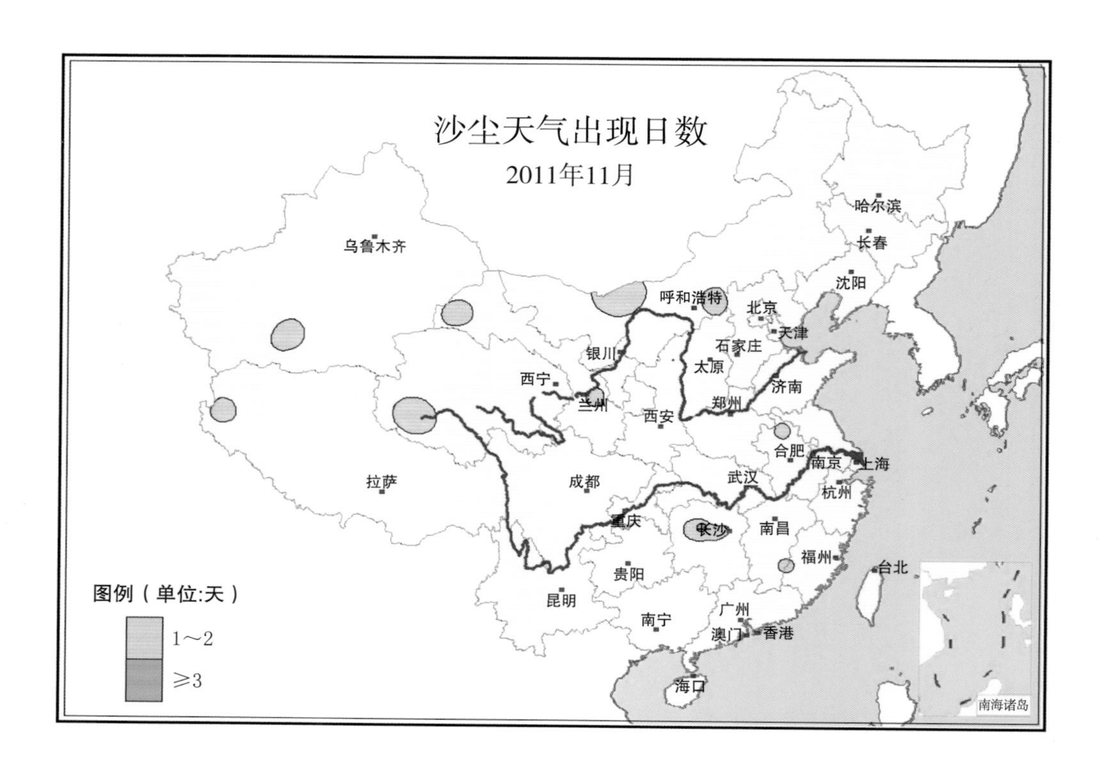
沙尘天气出现日数
2011年11月
乌鲁木齐
哈尔滨
长春
沈阳
呼和浩特
北京
天津
石家庄
银川
太原
西宁
兰州
济南
郑州
西安
合肥
南京
上海
拉萨
成都
武汉
杭州
重庆
长沙
南昌
福州
台北
贵阳
昆明
南宁
广州
澳门
香港
海口
南海诸岛
图例（单位:天）
1～2
≥3

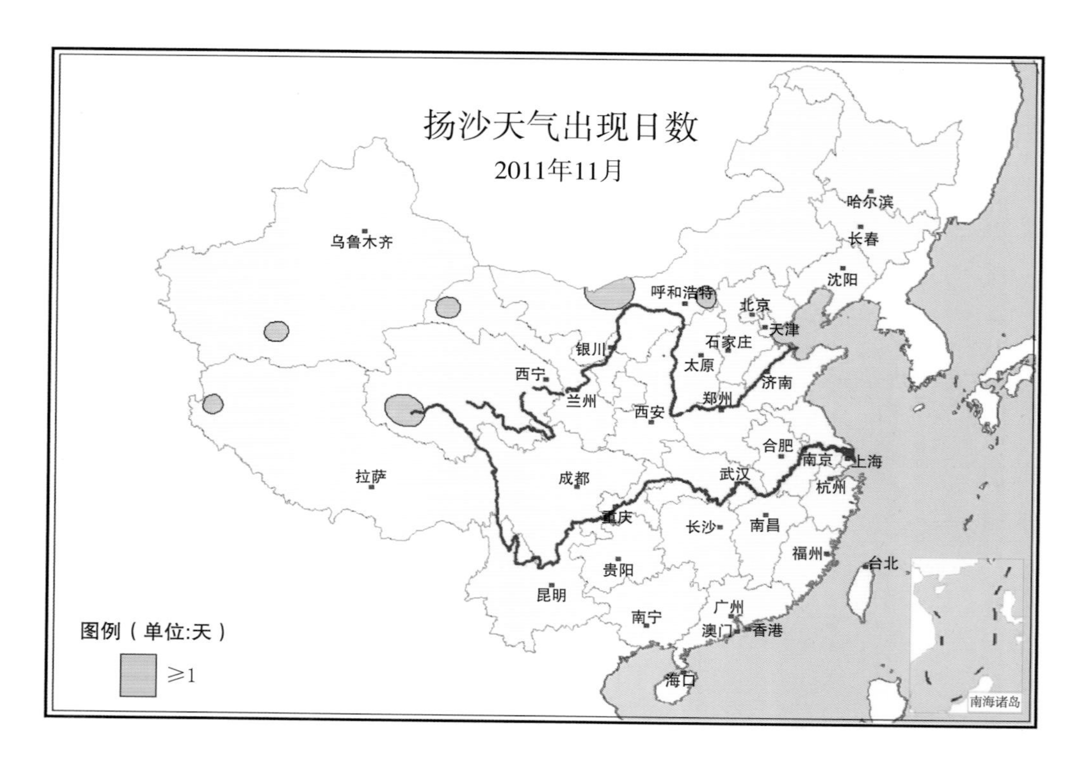
扬沙天气出现日数
2011年11月
乌鲁木齐
哈尔滨
长春
沈阳
呼和浩特
北京
天津
石家庄
银川
太原
西宁
兰州
济南
郑州
西安
合肥
南京
上海
拉萨
成都
武汉
杭州
重庆
长沙
南昌
福州
台北
贵阳
昆明
南宁
广州
澳门
香港
海口
南海诸岛
图例（单位:天）
≥1

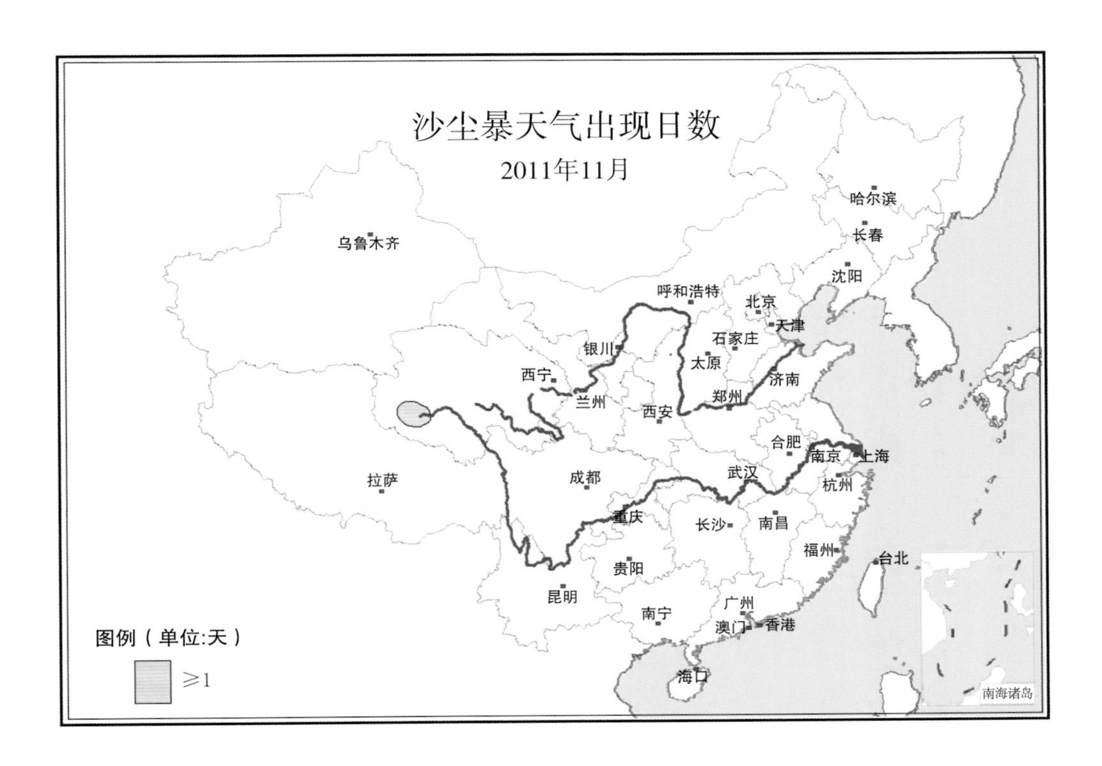
沙尘暴天气出现日数
2011年11月
哈尔滨
长春
乌鲁木齐
沈阳
呼和浩特
北京
天津
石家庄
银川
太原
西宁
济南
兰州
郑州
西安
合肥
南京
上海
拉萨
成都
武汉
杭州
重庆
长沙
南昌
福州
台北
贵阳
昆明
广州
南宁
澳门
香港
图例（单位:天）
≥1
海口
南海诸岛

强沙尘暴天气出现日数
2011年11月
哈尔滨
长春
乌鲁木齐
沈阳
呼和浩特
北京
银川
天津
太原
石家庄
无强沙尘暴
济南
郑州
西安
合肥
南京
上海
杭州
拉萨
成都
武汉
重庆
南昌
长沙
福州
台北
贵阳
昆明
广州
南宁
澳门香港
海口
南海诸岛

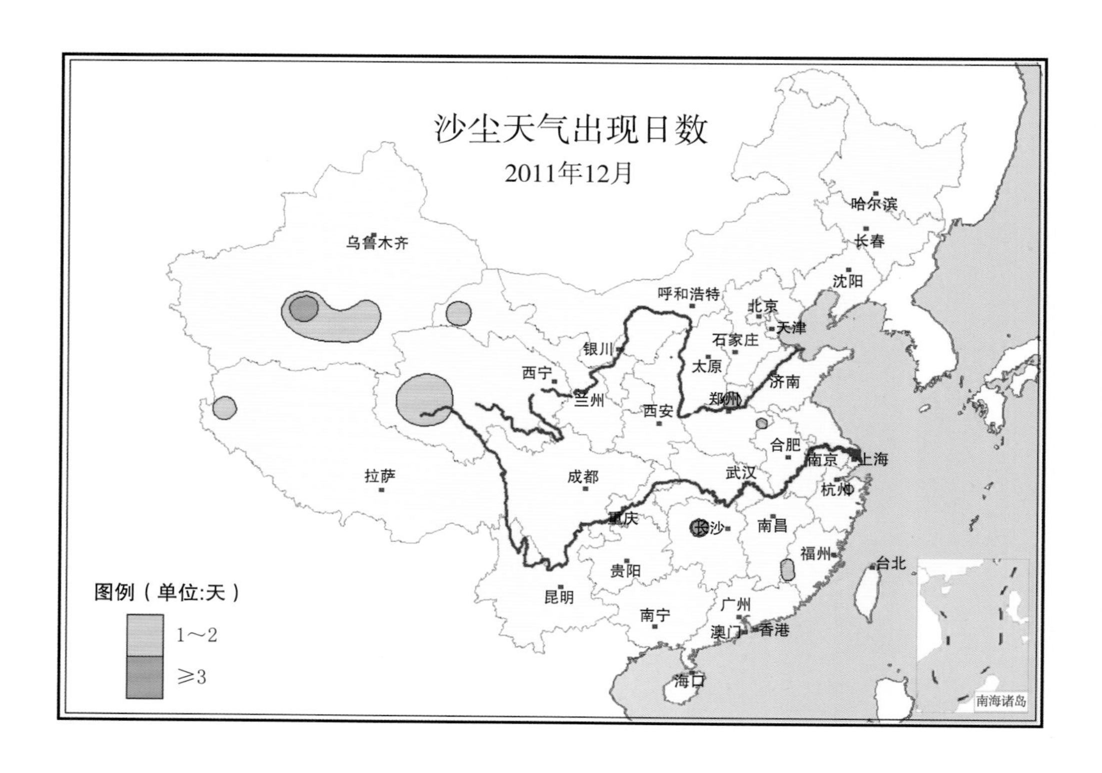
沙尘天气出现日数
2011年12月
哈尔滨
长春
乌鲁木齐
沈阳
呼和浩特
北京
天津
石家庄
银川
太原
西宁
济南
兰州
郑州
西安
合肥
南京
上海
拉萨
成都
武汉
杭州
重庆
长沙
南昌
福州
台北
贵阳
昆明
图例（单位:天）
1～2
≥3
南宁
广州
澳门
香港
海口
南海诸岛

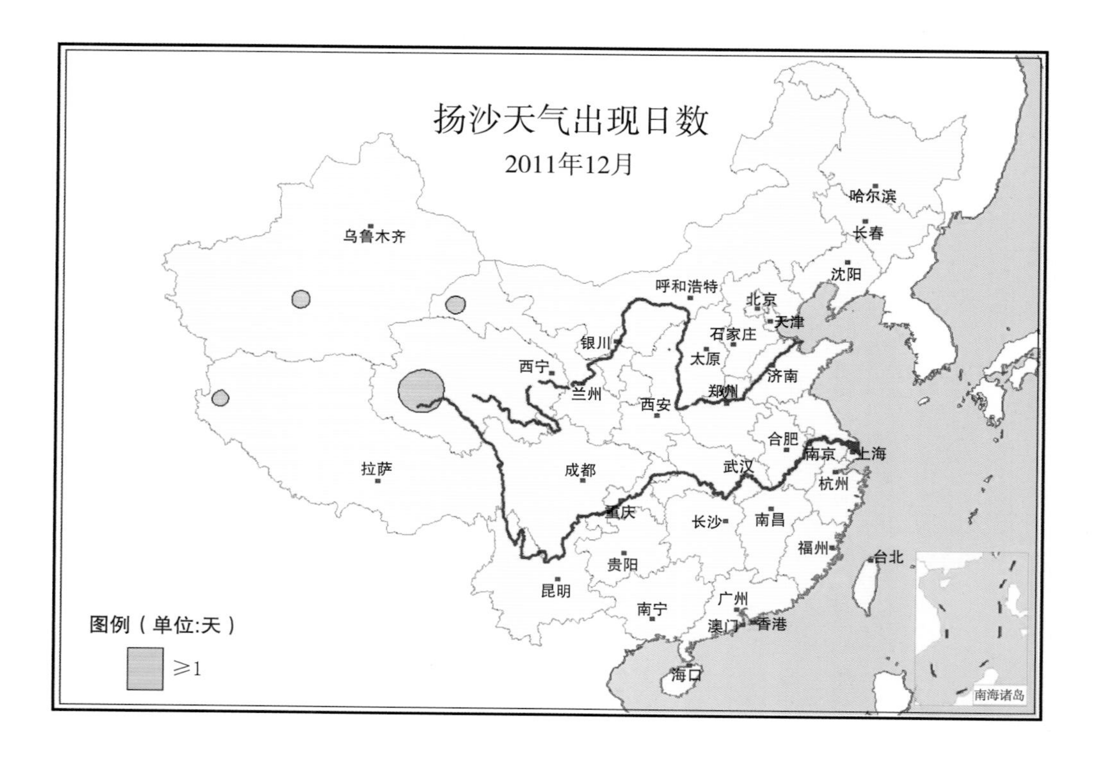
扬沙天气出现日数
2011年12月
哈尔滨
长春
乌鲁木齐
沈阳
呼和浩特
北京
天津
石家庄
银川
太原
西宁
济南
兰州
郑州
西安
合肥
南京
上海
拉萨
成都
武汉
杭州
重庆
长沙
南昌
福州
台北
贵阳
昆明
广州
图例（单位:天）
南宁
澳门
香港
≥1
海口
南海诸岛

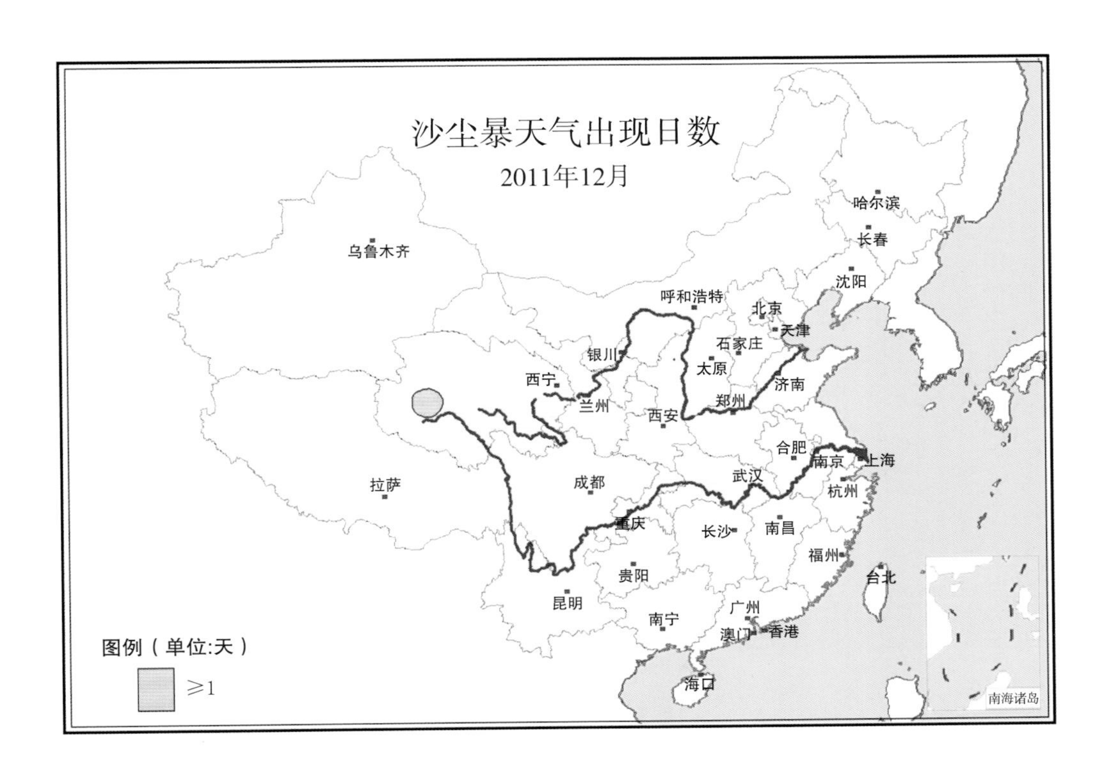
沙尘暴天气出现日数
2011年12月
哈尔滨
长春
乌鲁木齐
沈阳
呼和浩特
北京
天津
石家庄
银川
太原
西宁
济南
郑州
兰州
西安
合肥
南京
上海
武汉
拉萨
成都
杭州
重庆
长沙
南昌
福州
台北
贵阳
昆明
广州
南宁
澳门
香港
图例（单位:天）
≥1
海口
南海诸岛

强沙尘暴天气出现日数
2011年12月
哈尔滨
长春
乌鲁木齐
沈阳
呼和浩特
北京
天津
银川
太原
石家庄
济南
无强沙尘暴
郑州
西安
合肥
南京
上海
杭州
成都
武汉
拉萨
重庆
南昌
长沙
福州
台北
贵阳
昆明
广州
南宁
澳门
香港
海口
南海诸岛

5 2011年沙尘天气过程图表

5.1 3月12—14日强沙尘暴天气过程

5.1.1 沙尘天气过程描述

起止时间	3月12—14日
类　型	强沙尘暴天气过程
最大风速（单位：$m \cdot s^{-1}$）及出现地点	20 青海：五道梁
最小能见度（单位：km）及出现地点	0.1 新疆：若羌
沙尘路径	西北路径型
沙尘暴范围	南疆盆地和青海南部的部分地区
强沙尘暴地点	新疆：若羌，且末，塔中，民丰
影响系统	冷锋

5.1.2 沙尘天气范围图

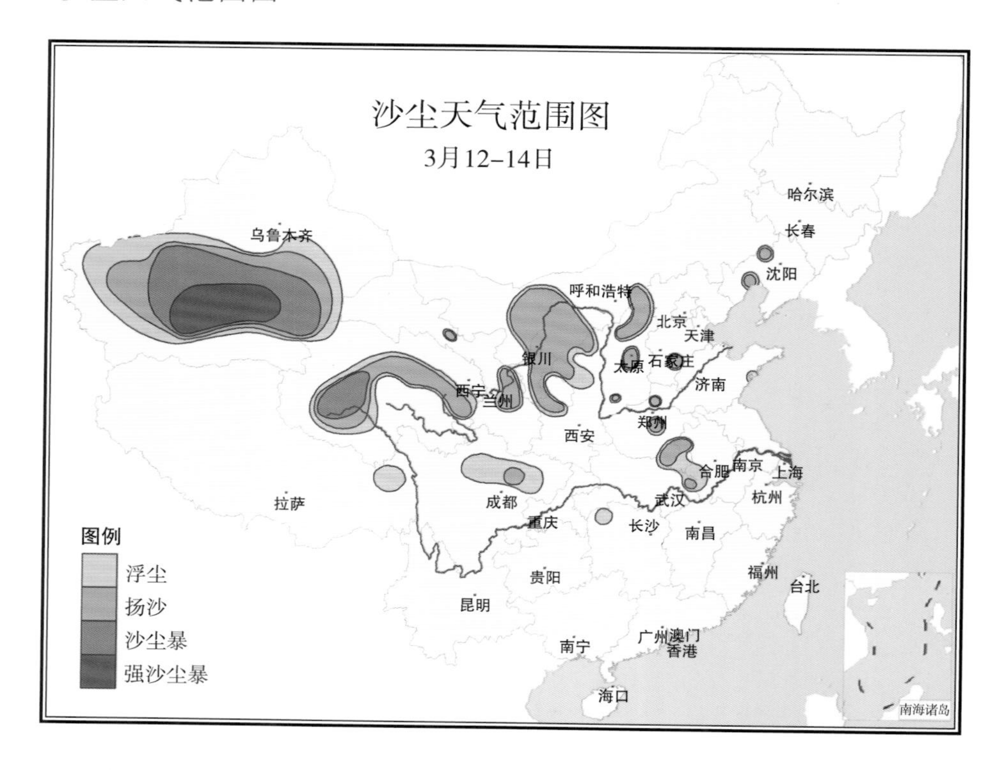

5.1.3 2011 年 3 月 12 日 20 时 500 hPa 环流形势图

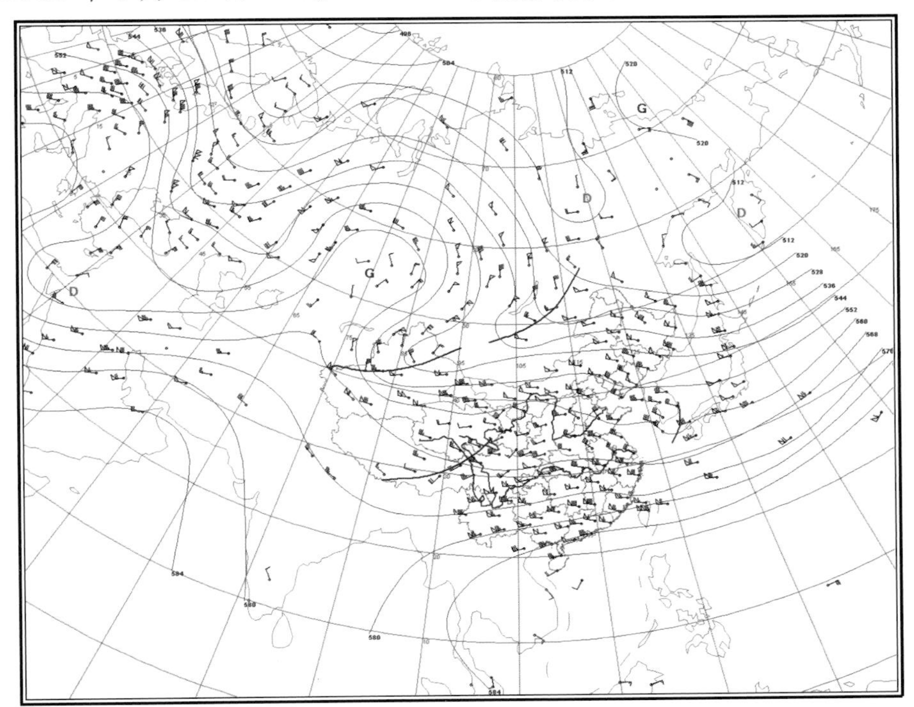

5.1.4 2011 年 3 月 12 日 20 时地面天气图

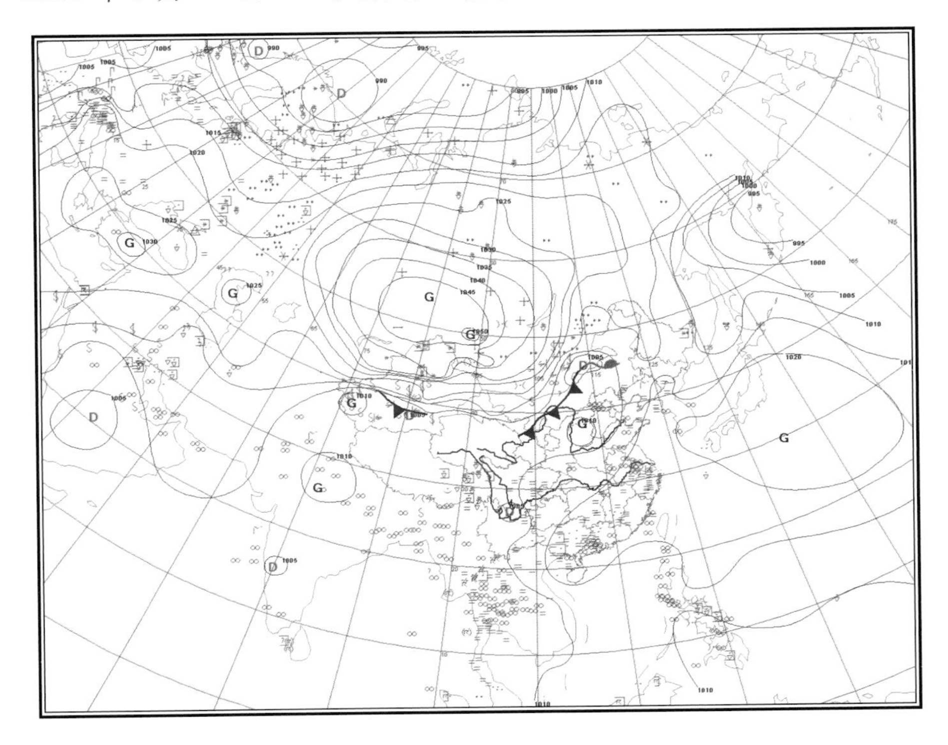

5.1.5 气象卫星监测图

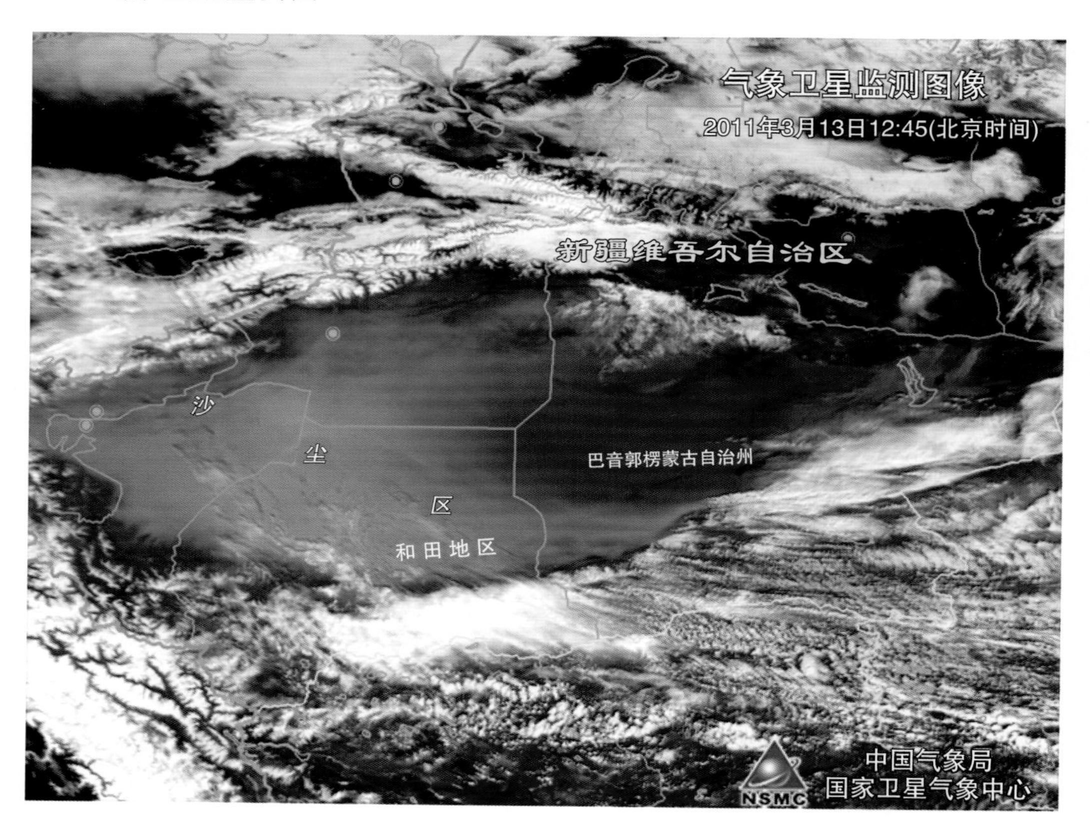

5.2 3月17－18日扬沙天气过程

5.2.1 沙尘天气过程描述

起止时间	3月17－18日
类　型	扬沙天气过程
最大风速（单位：$m \cdot s^{-1}$）及出现地点	16 青海：冷湖
最小能见度（单位：km）及出现地点	0.1 青海：格尔木
沙尘路径	西北路径型
沙尘暴范围	内蒙古西部的部分地区以及西藏西部、柴达木盆地、南疆盆地的局部地区
强沙尘暴地点	青海：格尔木
影响系统	冷锋

5.2.2　沙尘天气范围图

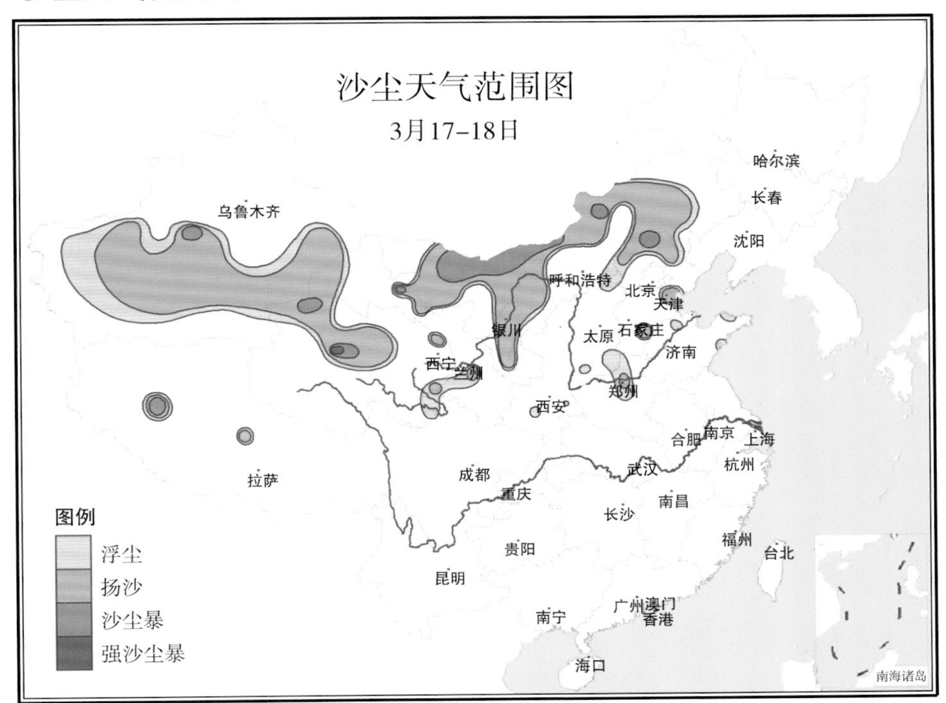

5.2.3　2011 年 3 月 17 日 20 时 500 hPa 环流形势图

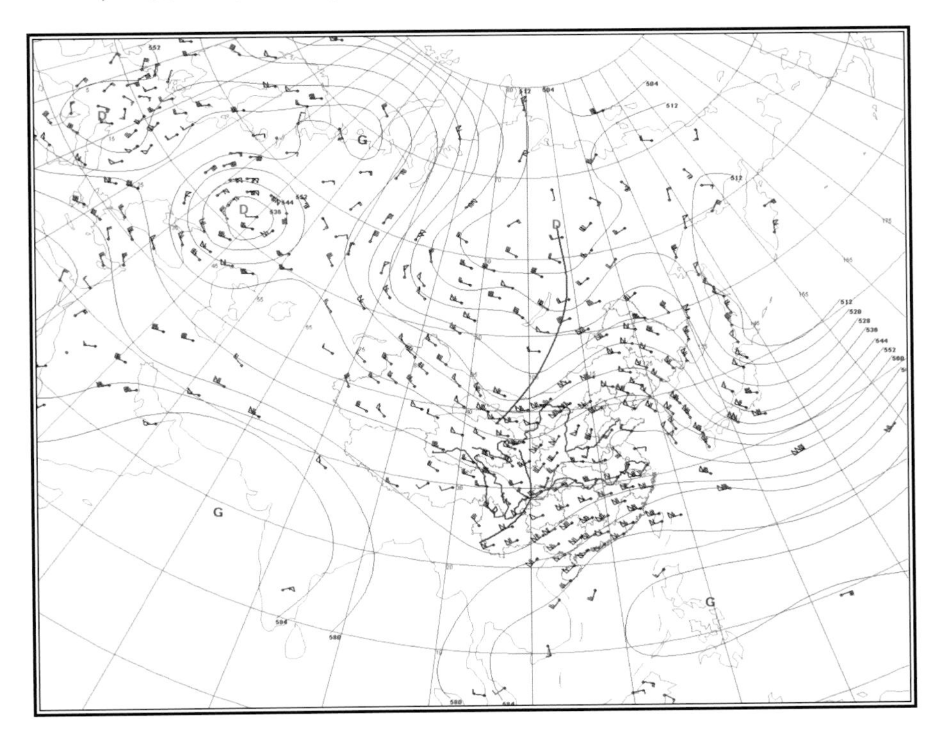

5.2.4 2011年3月17日14时地面天气图

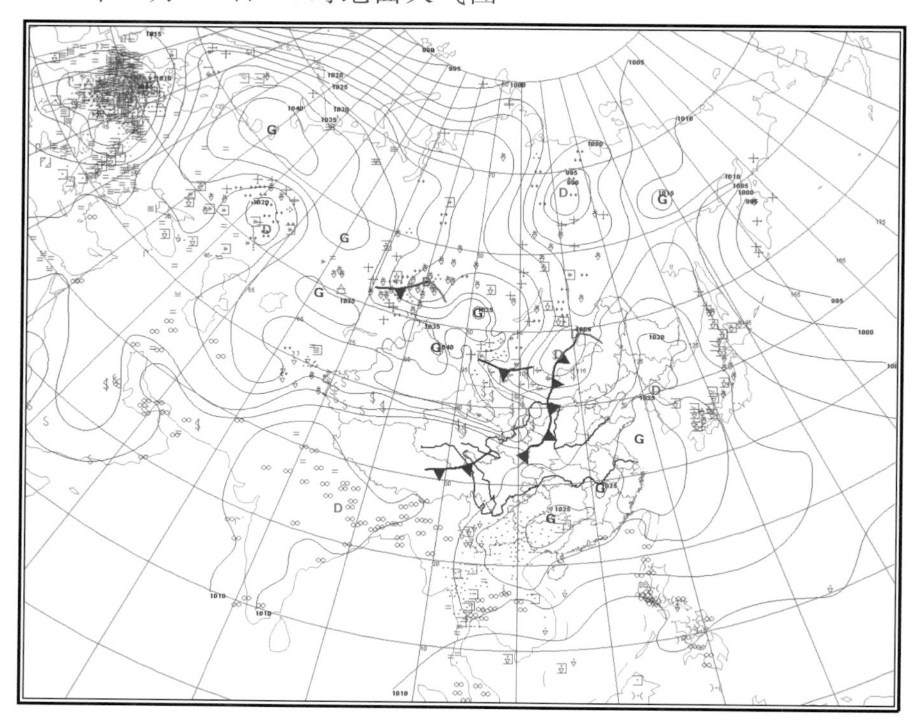

5.2.5 气象卫星监测图

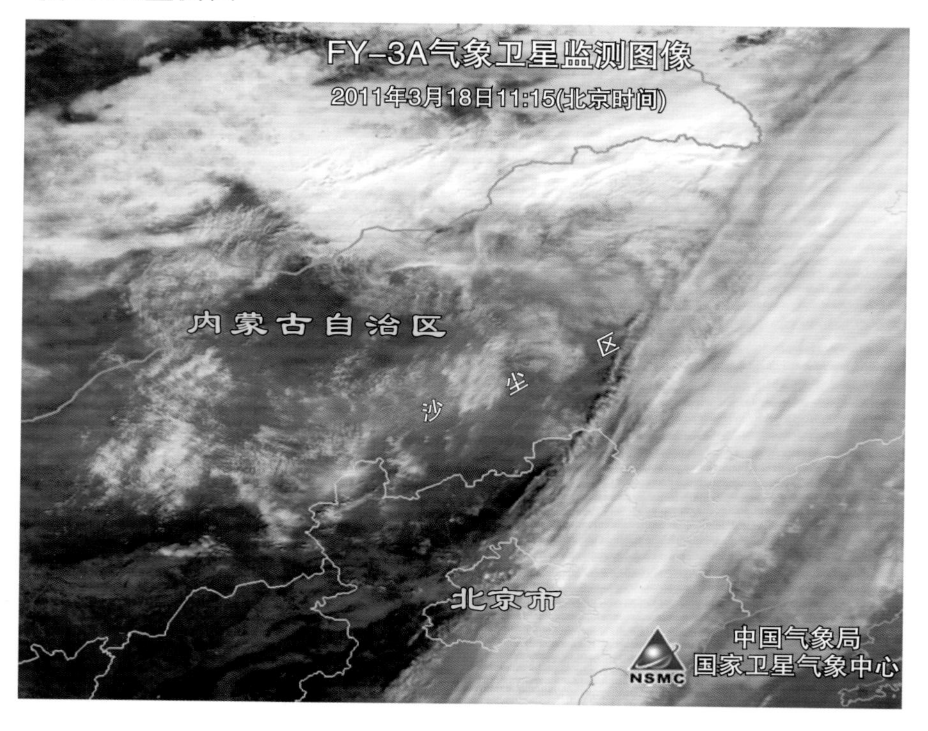

5.3 3 月 20—21 日扬沙天气过程

5.3.1 沙尘天气过程描述

起止时间	3 月 20—21 日
类　型	扬沙天气过程
最大风速（单位：$m \cdot s^{-1}$）及出现地点	15 青海：冷湖
最小能见度（单位：km）及出现地点	0.1 新疆：民丰
沙尘路径	南疆盆地型
沙尘暴范围	南疆盆地的部分地区以及青海西北部的局部地区
强沙尘暴地点	新疆：且末，民丰
影响系统	冷锋

5.3.2 沙尘天气范围图

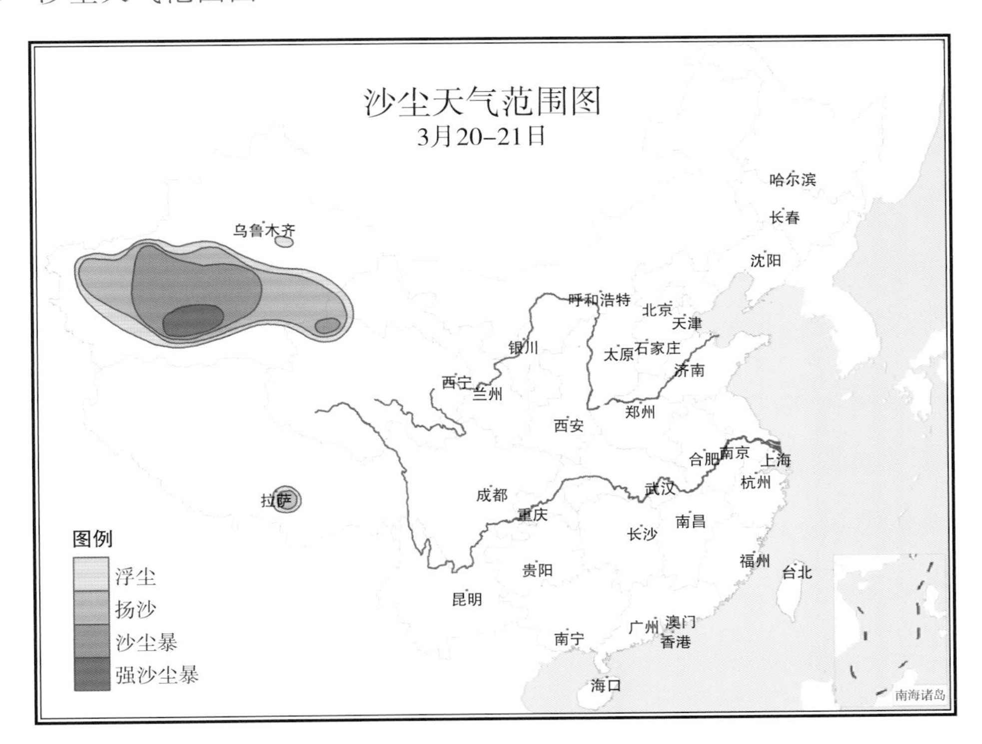

5.3.3 2011年3月20日20时500 hPa环流形势图

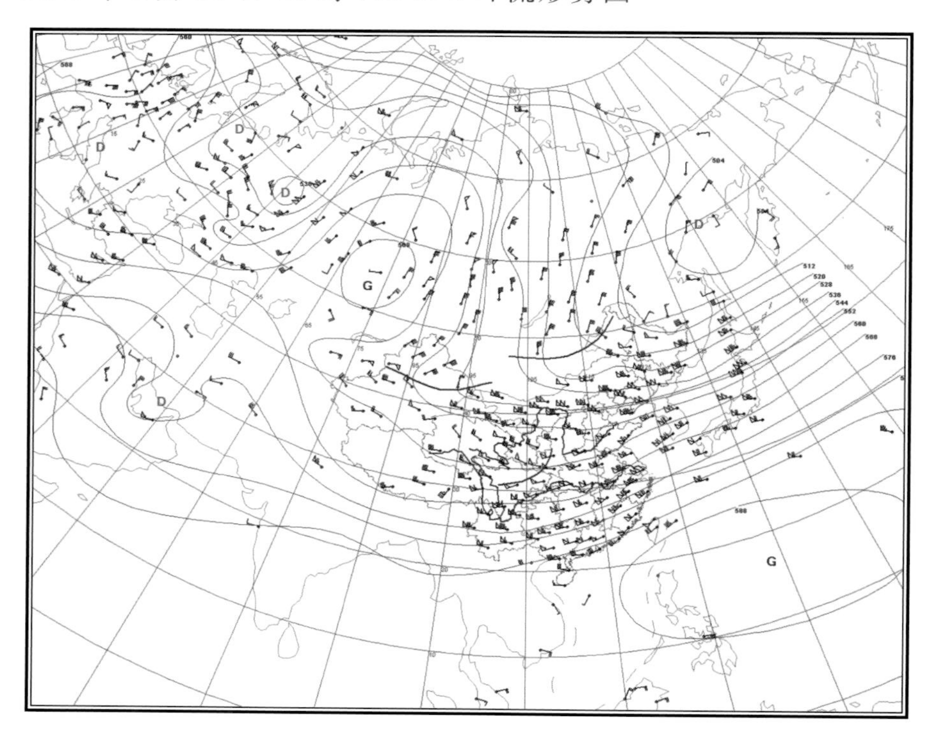

5.3.4 2011年3月20日20时地面天气图

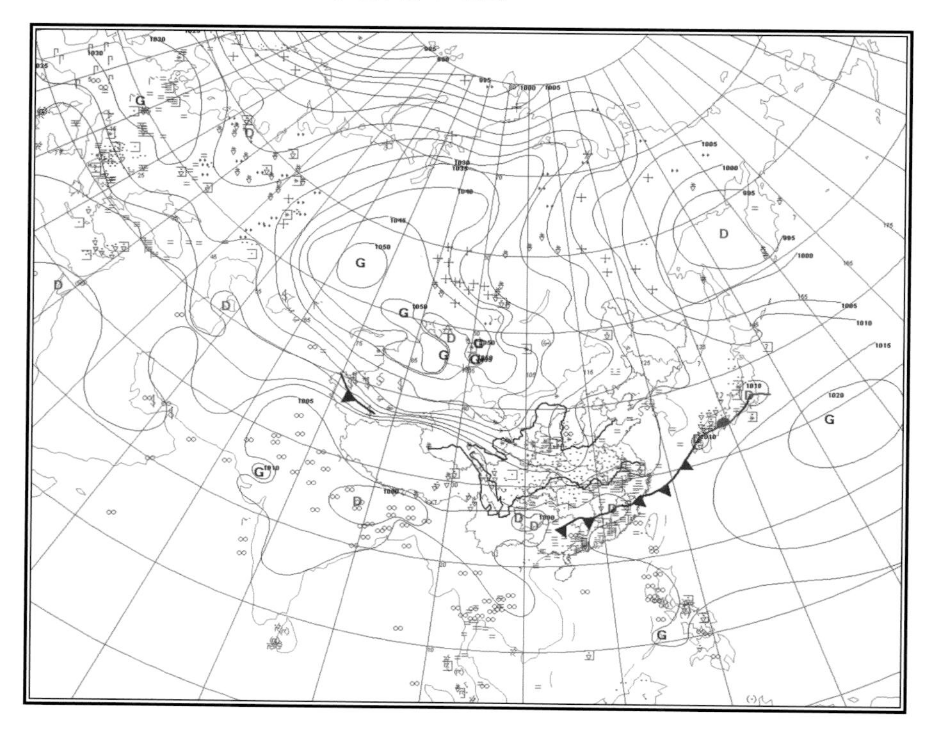

5.3.5 气象卫星监测图

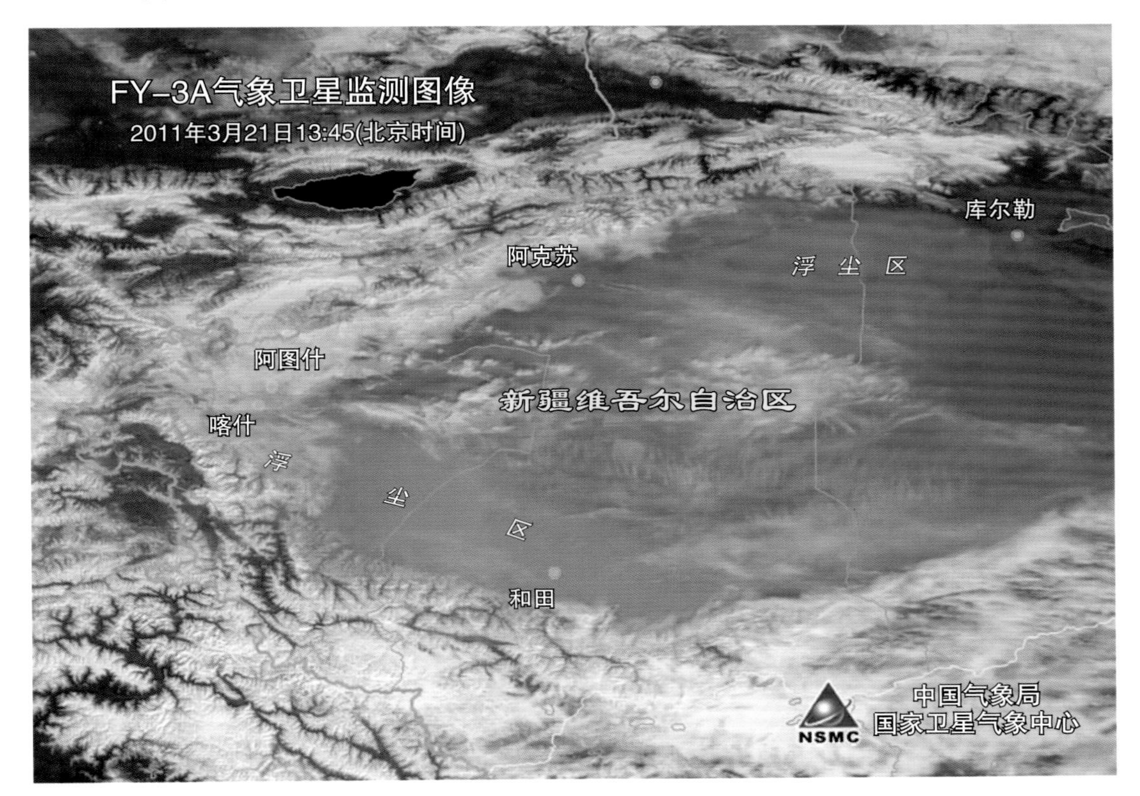

5.4 4 月 4—6 日扬沙天气过程

5.4.1 沙尘天气过程描述

起止时间	4 月 4—6 日
类　型	扬沙天气过程
最大风速（单位：m · s^{-1}）及出现地点	15 甘肃：张掖
最小能见度（单位：km）及出现地点	0.6 新疆：塔中，莎车
沙尘路径	偏西路径型
沙尘暴范围	南疆盆地的部分地区
强沙尘暴地点	/
影响系统	冷锋，蒙古气旋

5.4.2 沙尘天气范围图

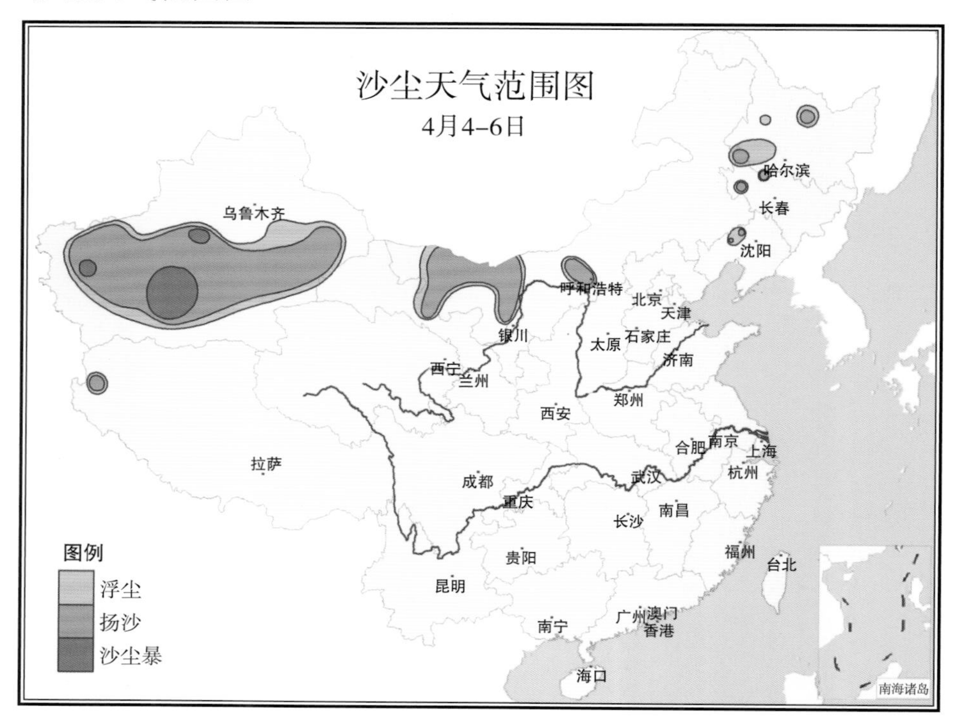

5.4.3 2011年4月4日20时500 hPa环流形势图

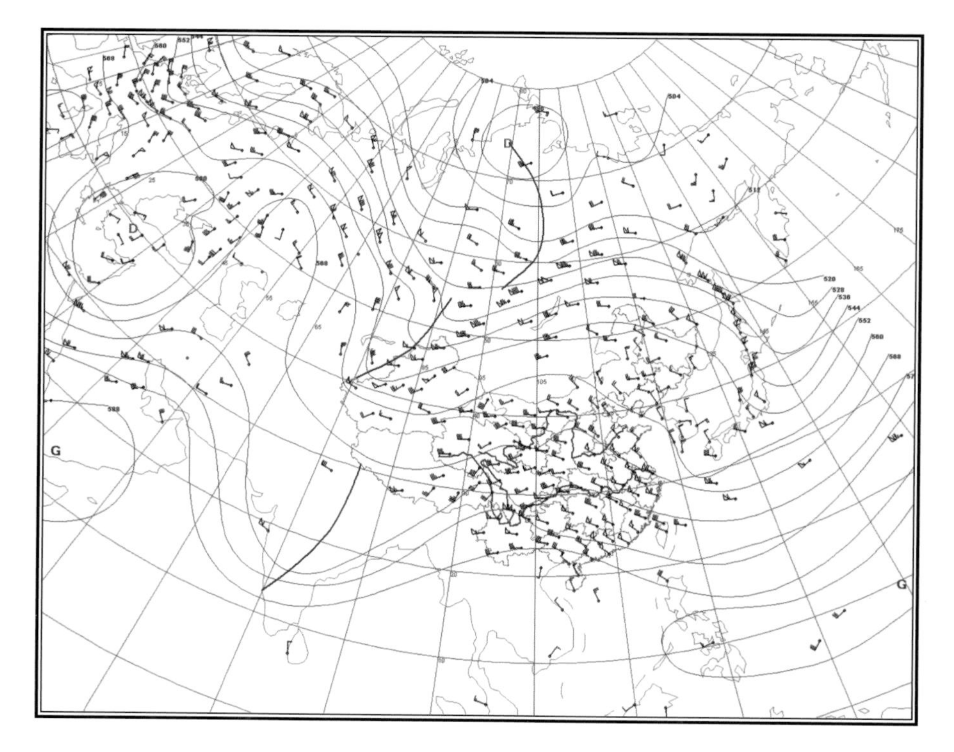

5.4.4 2011年4月4日20时地面天气图

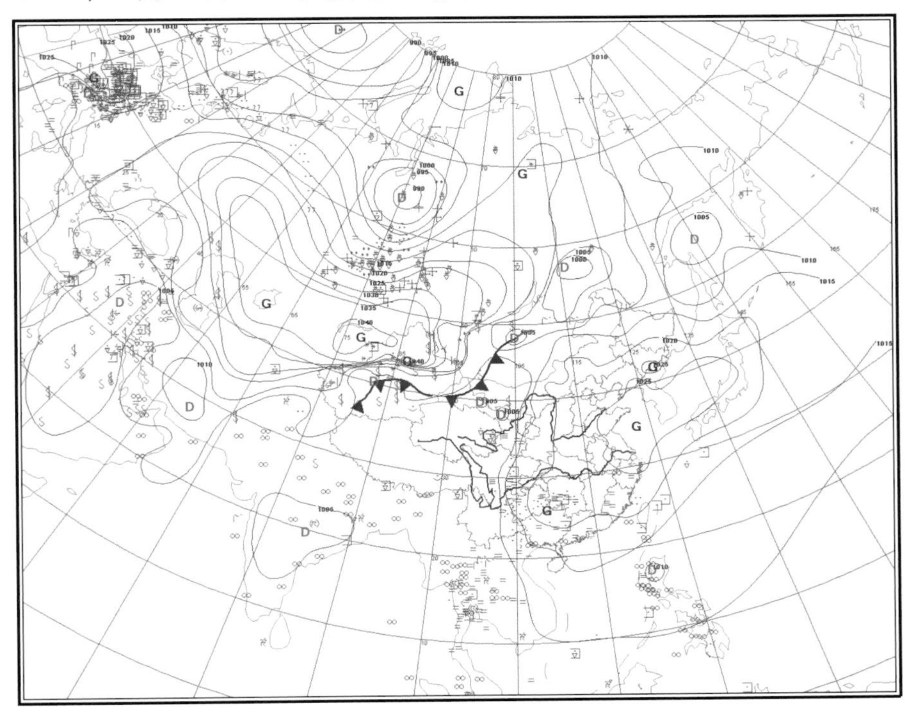

5.4.5 气象卫星监测图

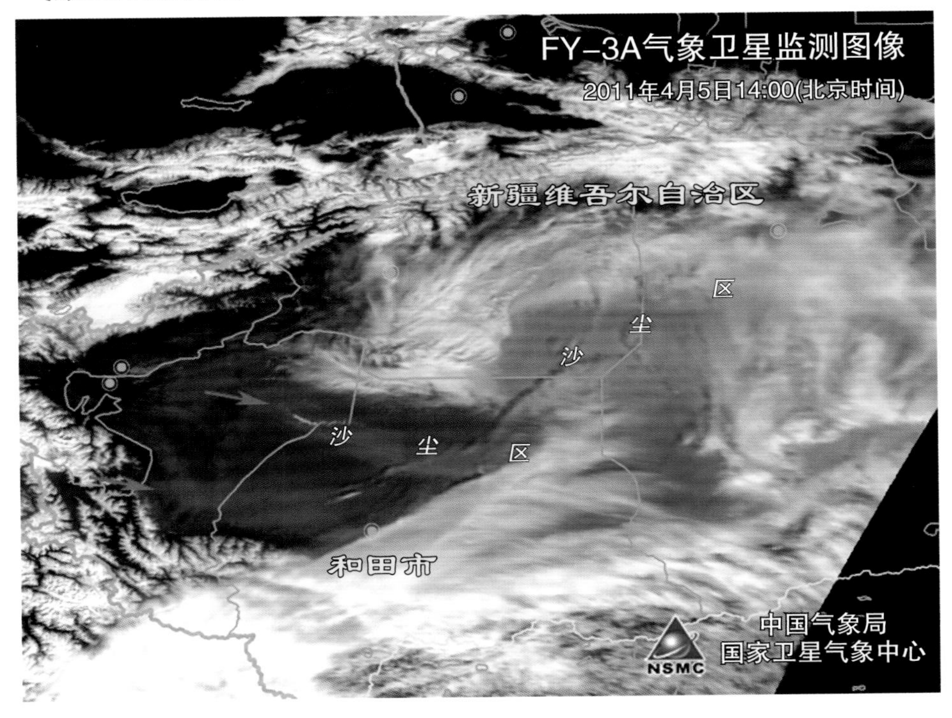

5.5 4月17日扬沙天气过程

5.5.1 沙尘天气过程描述

起止时间	4月17日
类　型	扬沙天气过程
最大风速（单位：m·s^{-1}） 及出现地点	13 甘肃：瓜州
最小能见度（单位：km） 及出现地点	0.9 甘肃：敦煌
沙尘路径	偏北路径型
沙尘暴范围	甘肃西部的局部地区
强沙尘暴地点	/
影响系统	冷锋，热低压

5.5.2 沙尘天气范围图

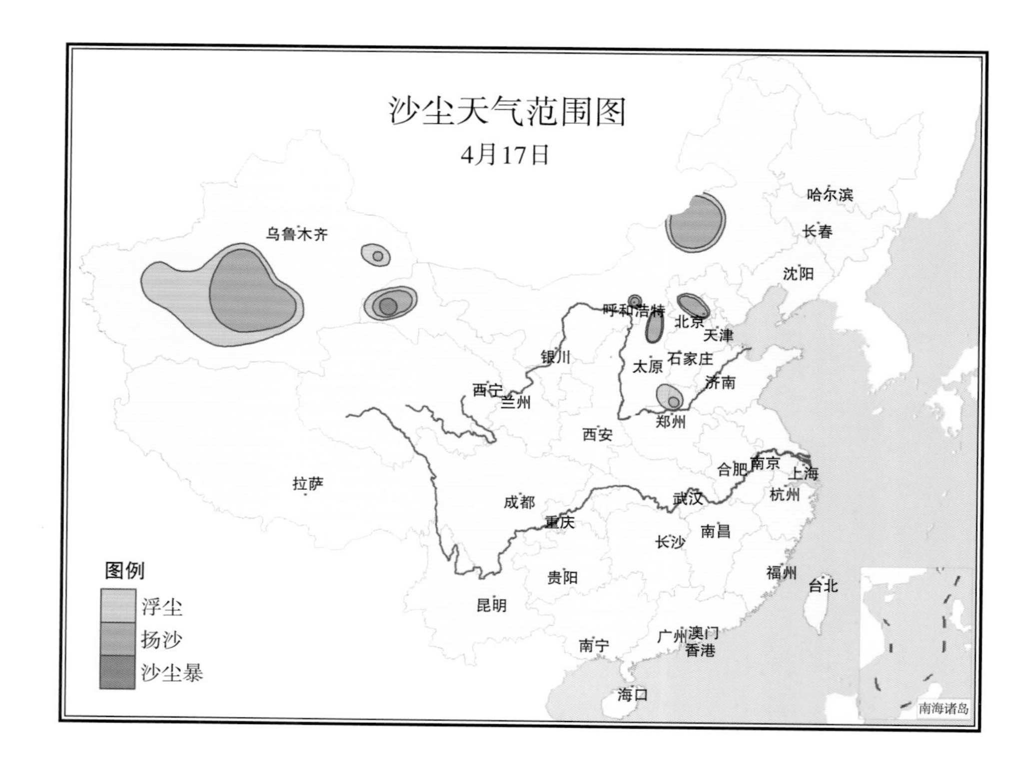

5.5.3　2011 年 4 月 17 日 08 时 500 hPa 环流形势图

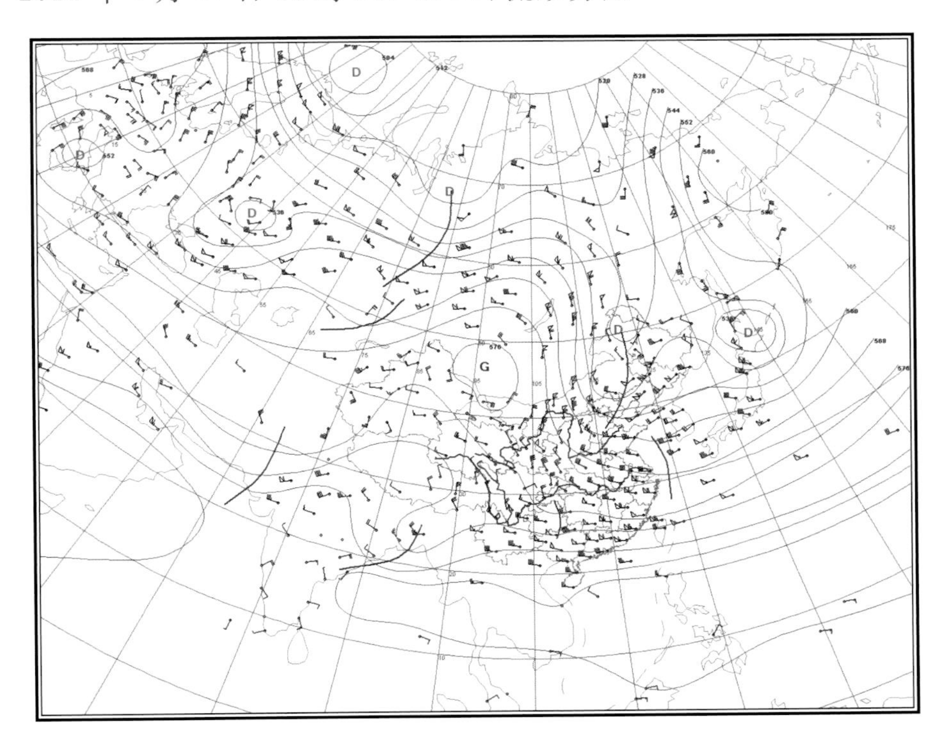

5.5.4　2011 年 4 月 17 日 14 时地面天气图

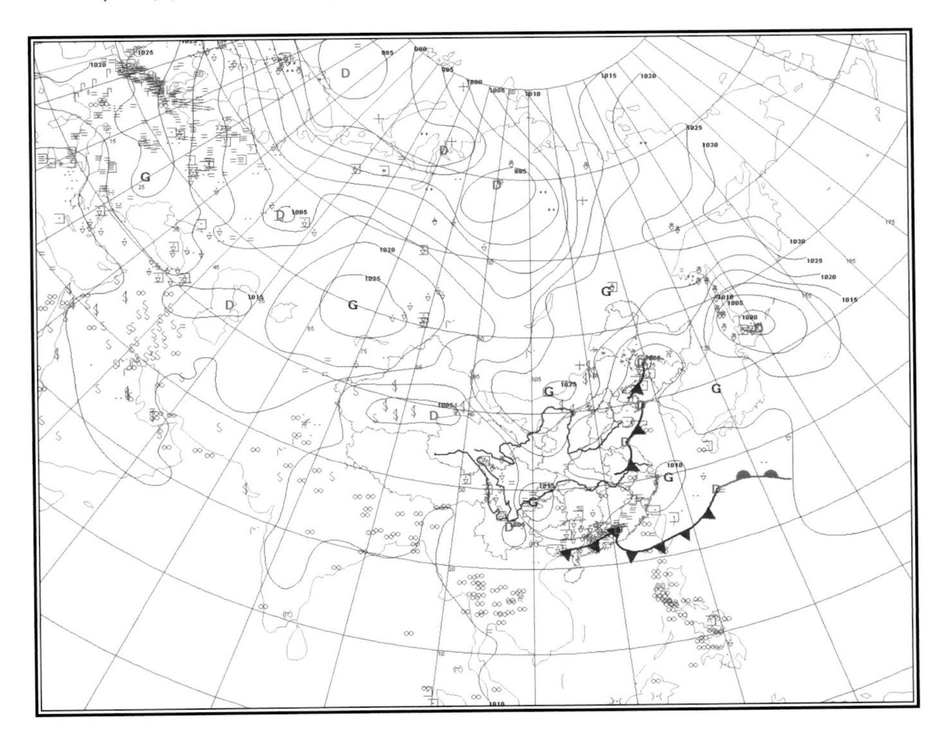

5.5.5 气象卫星监测图

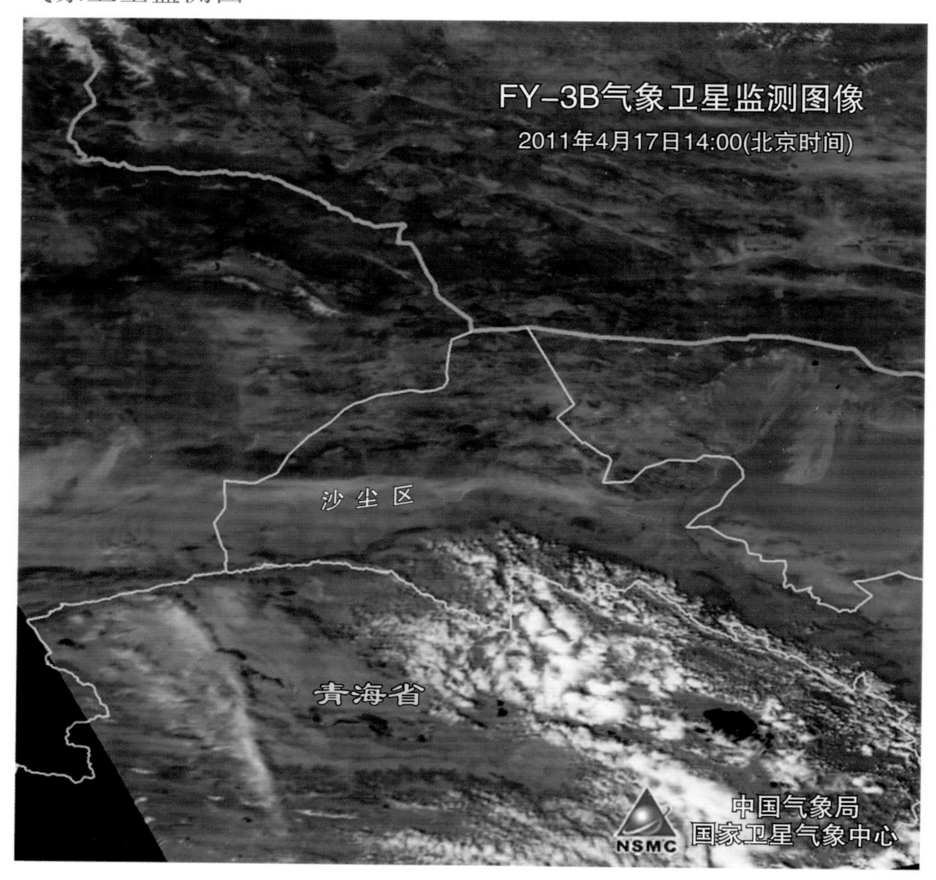

5.6 4月24—25日扬沙天气过程

5.6.1 沙尘天气过程描述

起止时间	4月24—25日
类　型	扬沙天气过程
最大风速（单位：m·s^{-1}） 及出现地点	17 甘肃：酒泉
最小能见度（单位：km） 及出现地点	0.1 内蒙古：拐子湖
沙尘路径	西北路径型
沙尘暴范围	内蒙古西部的部分地区以及陕西北部、宁夏中部、甘肃西部的局部地区
强沙尘暴地点	内蒙古：拐子湖
影响系统	冷锋，蒙古气旋

5.6.2 沙尘天气范围图

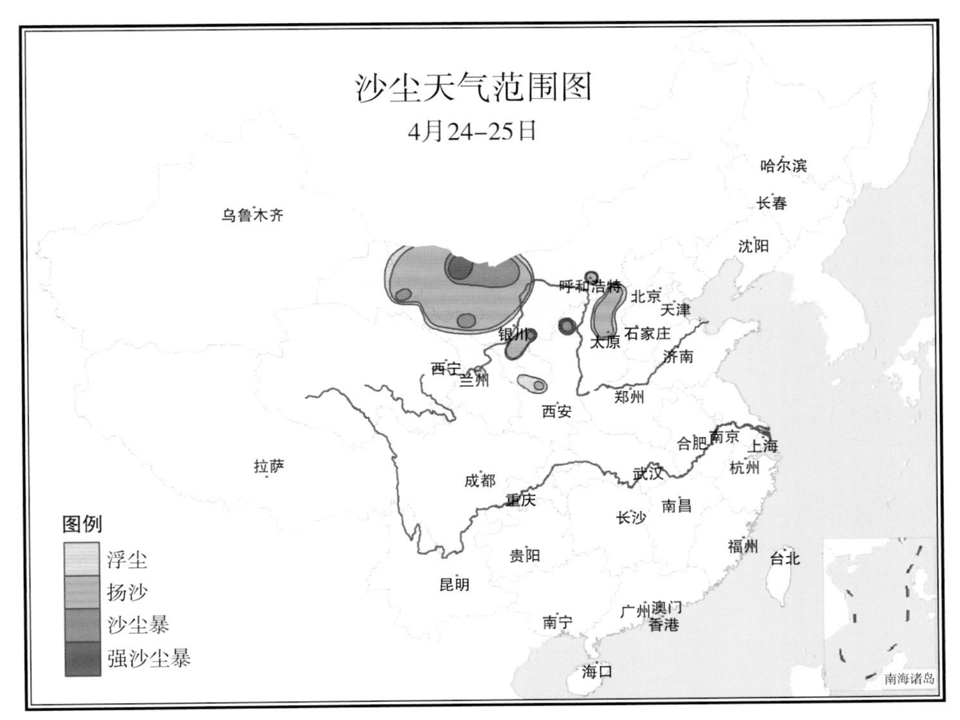

5.6.3 2011年4月24日08时500 hPa环流形势图

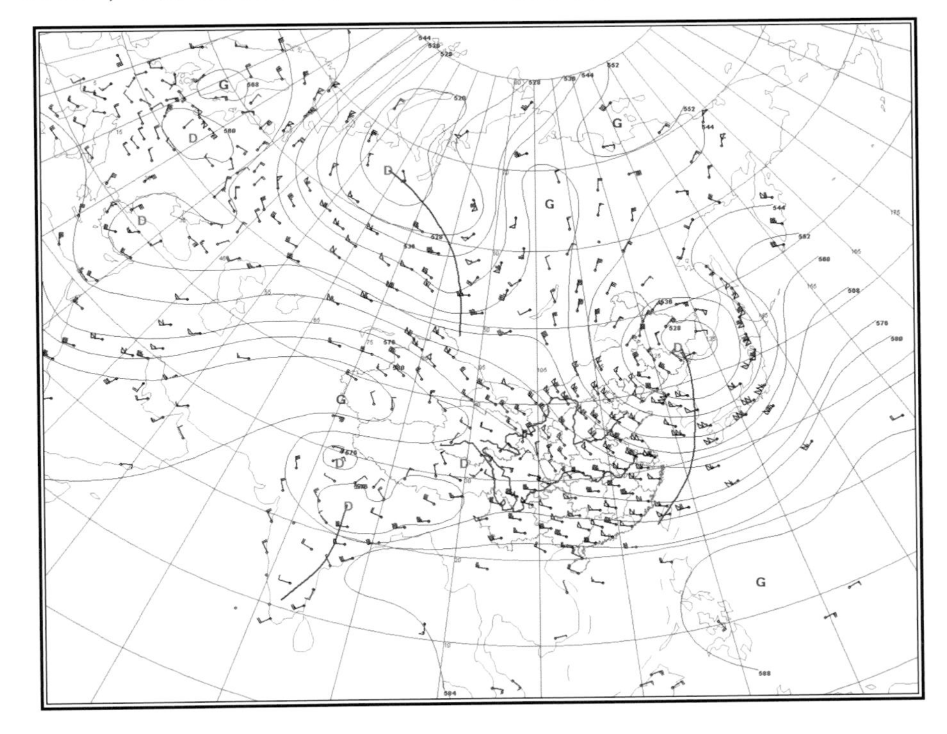

5.6.4　2011年4月24日14时地面天气图

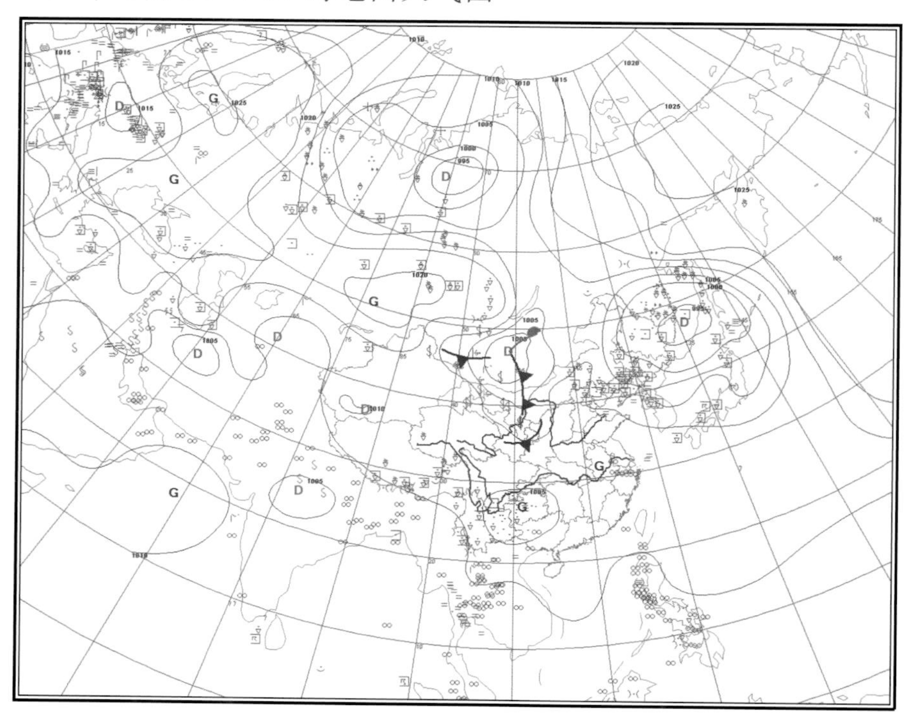

5.6.5　气象卫星监测图

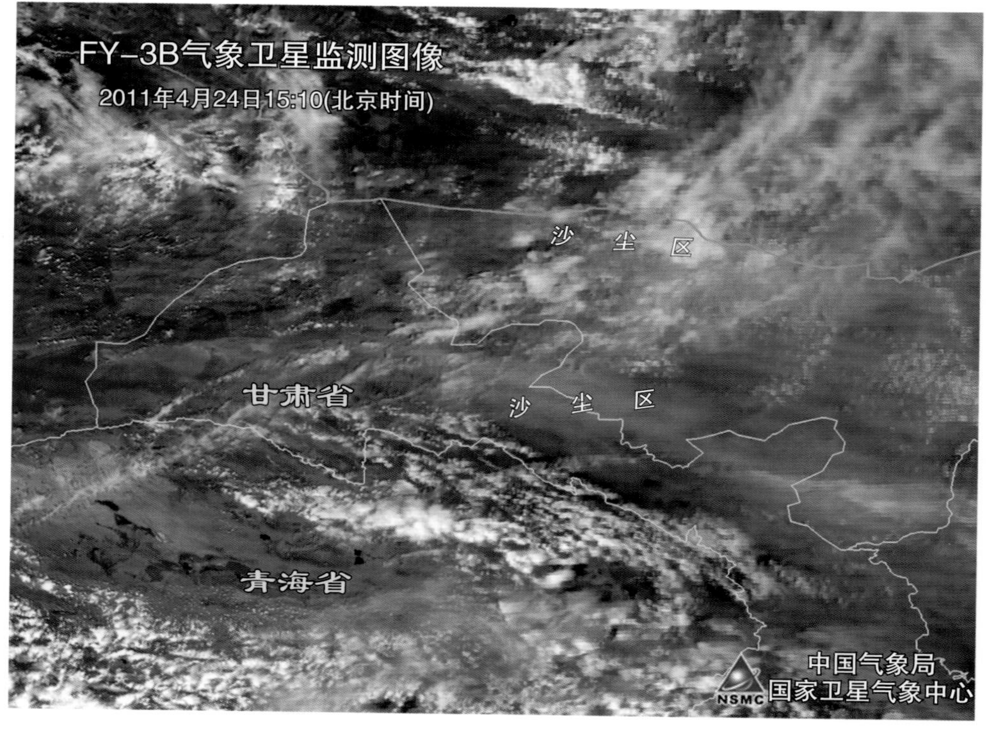

5.7 4 月 28—30 日沙尘暴天气过程

5.7.1 沙尘天气过程描述

起止时间	4 月 28—30 日
类　型	沙尘暴天气过程
最大风速（单位：m·s⁻¹）及出现地点	16 甘肃：鼎新；内蒙古：拐子湖
最小能见度（单位：km）及出现地点	0.1 新疆：若羌，且末，民丰，喀什，莎车；内蒙古：拐子湖
沙尘路径	西北路径型
沙尘暴范围	南疆盆地、甘肃西部、内蒙古西部的部分地区以及宁夏北部、青海中部、陕西北部、内蒙古中部的局部地区
强沙尘暴地点	新疆：若羌，且末，铁干里克，塔中，阿拉尔；甘肃：金塔，永昌；内蒙古：拐子湖
影响系统	冷锋

5.7.2 沙尘天气范围图

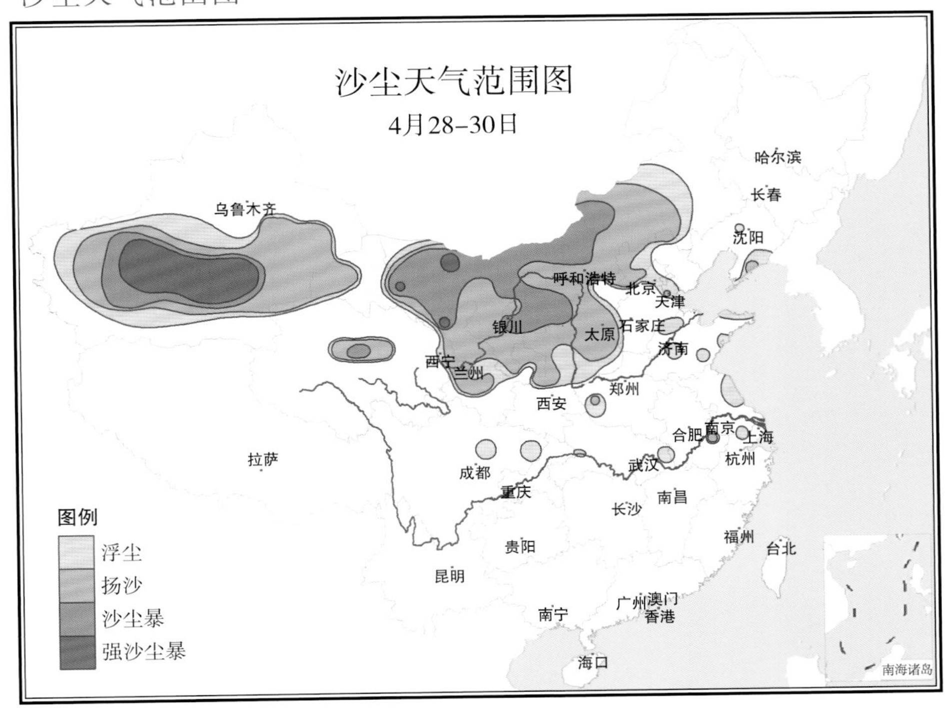

5.7.3 2011年4月29日08时500 hPa环流形势图

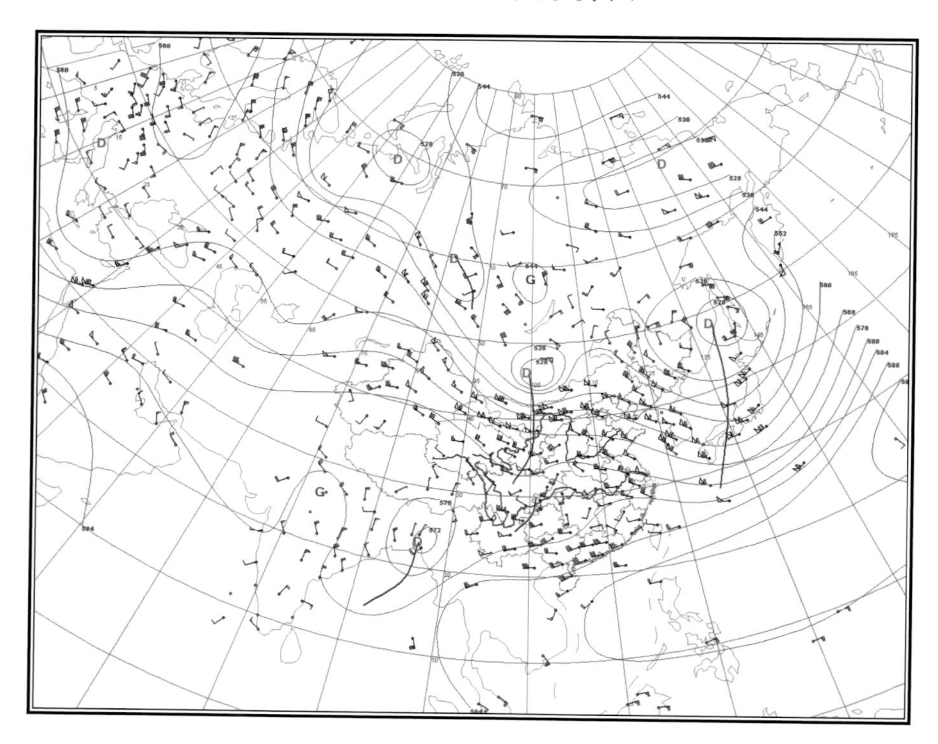

5.7.4 2011年4月29日14时地面天气图

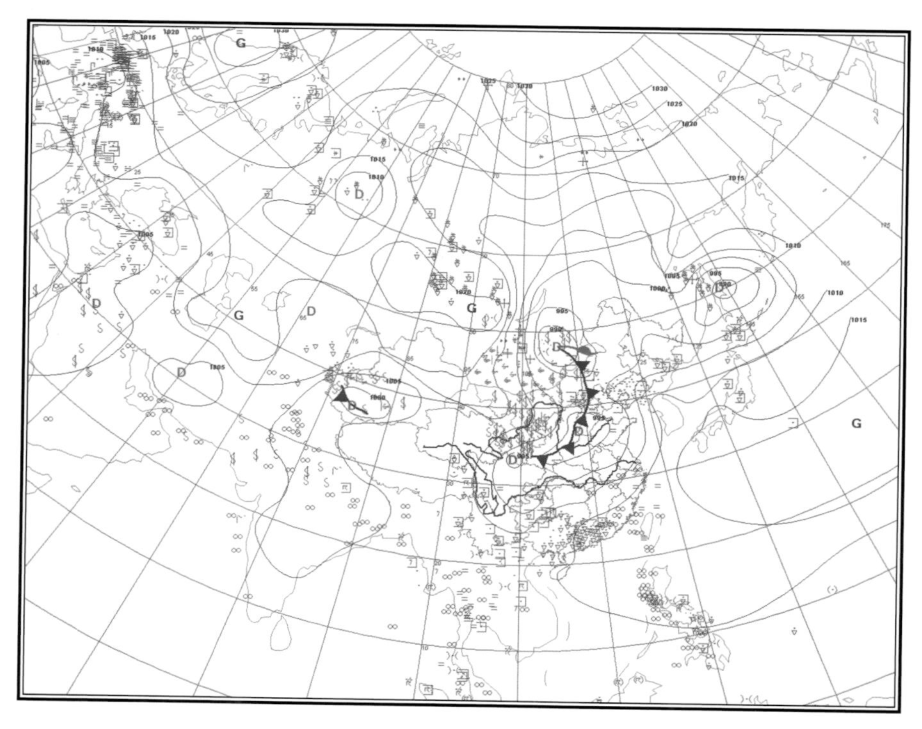

5.7.5 气象卫星监测图

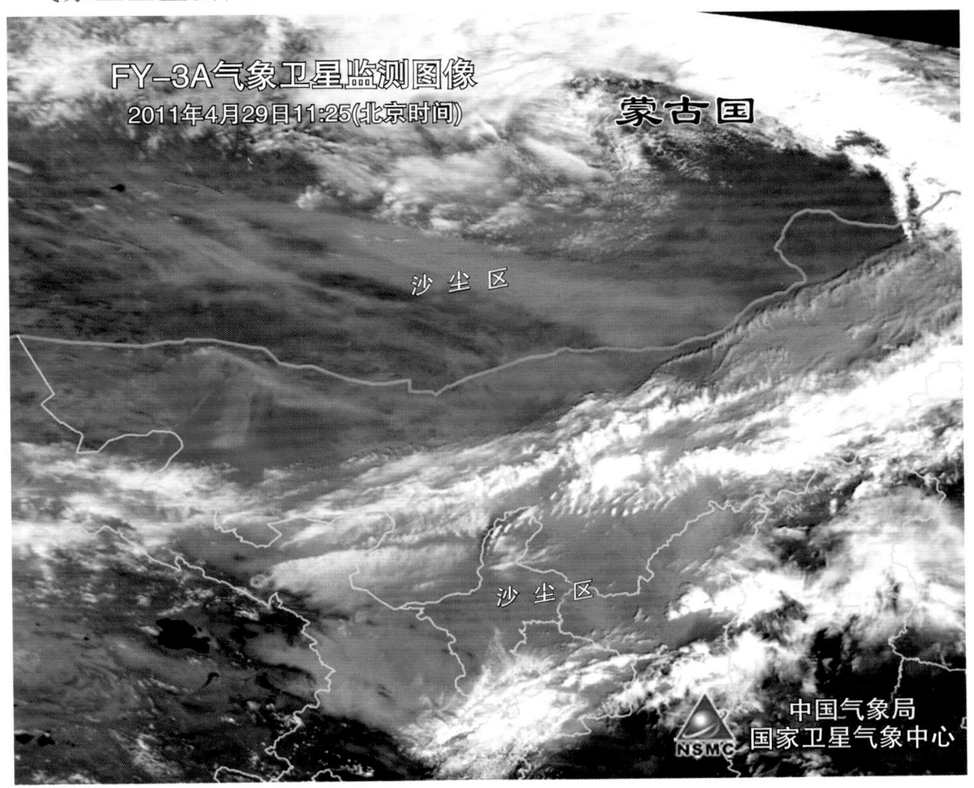

5.8 5 月 10－12 日强沙尘暴天气过程

5.8.1 沙尘天气过程描述

起止时间	5 月 10－12 日
类　型	强沙尘暴天气过程
最大风速（单位：$m \cdot s^{-1}$）及出现地点	17 内蒙古：那仁宝力格
最小能见度（单位：km）及出现地点	0.1　内蒙古：二连浩特，苏尼特左旗，阿巴嘎旗，锡林浩特
沙尘路径	偏西路径型
沙尘暴范围	内蒙古中部的部分地区 以及南疆盆地的局部地区
强沙尘暴地点	内蒙古：二连浩特，苏尼特左旗，阿巴嘎旗，锡林浩特，西乌珠穆沁，林西，东乌珠穆沁，那仁宝力格，巴林左旗
影响系统	蒙古气旋，冷锋

5.8.2 沙尘天气范围图

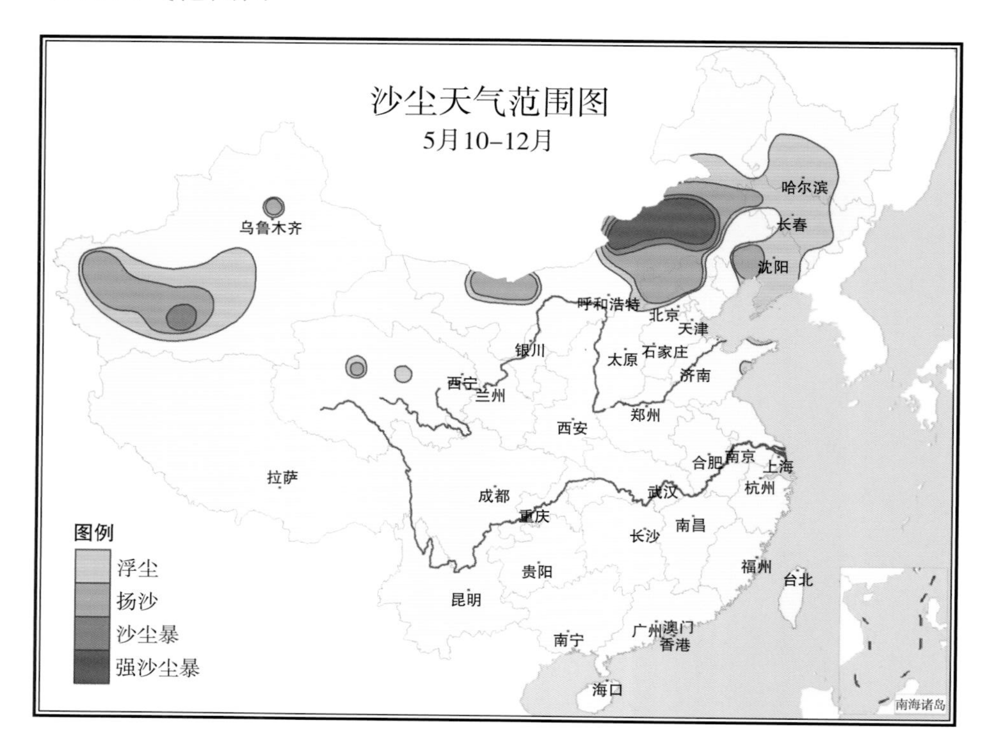

5.8.3 2011年5月11日08时500 hPa环流形势图

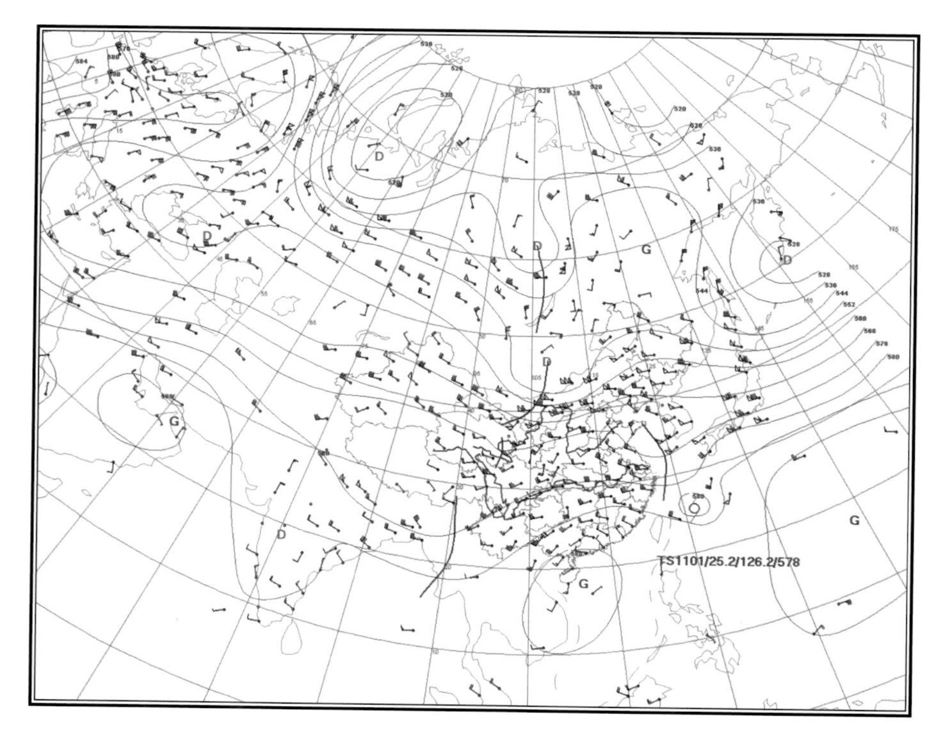

5.8.4 2011 年 5 月 11 日 14 时地面天气图

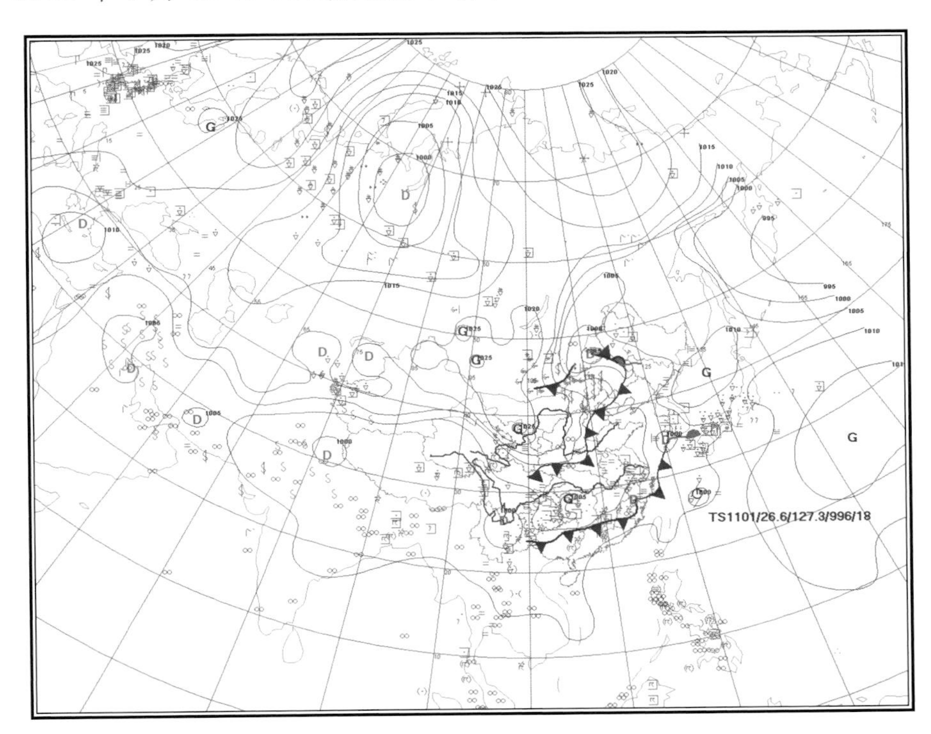

5.8.5 气象卫星监测图

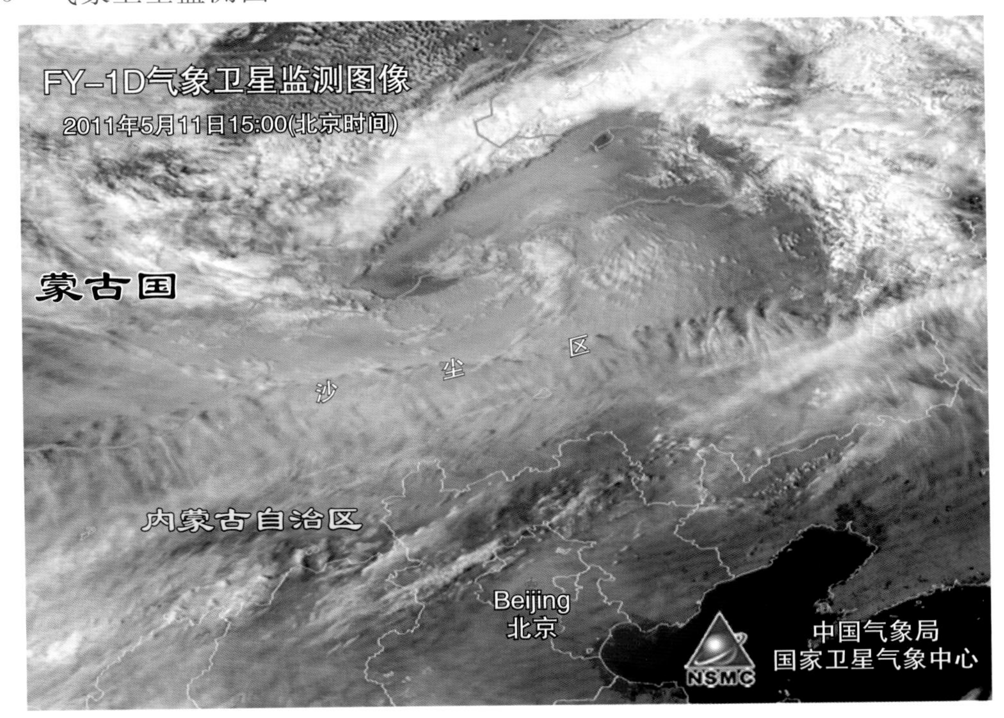

附《沙尘天气年鉴》(2010) 勘误表:

1、5.9.4 节中 2010 年 4 月 8 日 14 时地面天气图中的锢囚锋符号方向应反向。

2、光盘版中涉及的锢囚锋符号方向应反向。

3、1.3 节中总站日的单位“天”改为“站·天”。